职业教育无人机应用技术专业系列教材

无人机植保技术

主　编　杨　苡　戴长靖　王　明

参　编　陈　朋　何云峰　宫妍捷

机　械　工　业　出　版　社

本书是根据编者的农业理论教学实践以及多年从事无人机植保作业的经验编写而成的。本书共 4 章，主要讲述了植保旋翼无人机的基础知识、植保旋翼无人机的组成与操作、植保旋翼无人机的作业解析以及植保旋翼无人机的农业相关知识等内容。本书介绍的内容大部分来自于实践，贴近我国植保现状，指导性、操作性和实用性较强。

本书可作为各类高职院校无人机应用技术及相关专业的教材，也适用于广大种植户、从事植保的“飞防人”以及从事农业技术推广的技术人员，还可作为无人机植保技术爱好者的参考用书。

本书配有电子课件，选择本书作为教材的教师可登录机械工业出版社教育服务网（www.cmpedu.com）免费注册后下载或联系编辑（010-88379807）咨询。

图书在版编目（CIP）数据

无人机植保技术/杨苡，戴长靖，王明主编. —北京：机械工业出版社，2020.3（2024.9重印）

职业教育无人机应用技术专业系列教材

ISBN 978-7-111-65127-7

Ⅰ. ①无… Ⅱ. ①杨… ②戴… ③王… Ⅲ. ①无人驾驶飞机—应用—植物保护—职业教育—教材 Ⅳ. ①V279 ②S4

中国版本图书馆CIP数据核字（2020）第047414号

机械工业出版社（北京市百万庄大街22号 邮政编码100037）

策划编辑：张星瑶 梁 伟 责任编辑：梁 伟 张星瑶

责任校对：肖 琳 封面设计：鞠 杨

责任印制：常天培

固安县铭成印刷有限公司印刷

2024 年 9 月第 1 版第 8 次印刷

184mm×260mm · 8.5印张 · 172千字

标准书号：ISBN 978-7-111-65127-7

定价：30.00元

电话服务	网络服务
客服电话：010-88361066	机 工 官 网：www.cmpbook.com
010-88379833	机 工 官 博：weibo.com/cmp1952
010-68326294	金 书 网：www.golden-book.com
封底无防伪标均为盗版	机工教育服务网：www.cmpedu.com

PREFACE 前言

我国作为农业大国每年需要大量的劳动力从事农业植保作业。在植保作业中，农药的残留和污染容易对人体造成伤害，安全生产成为植保作业的一大难题。植保无人机的使用为人们解决了这一难题，作业人员通过远距离的遥控操作，避免了暴露于农药中的危险，保障了喷洒作业的安全。为大力推广无人机植保技术，目前各地政府都制定了积极的购机扶持政策。植保无人机的飞防事业正朝气蓬勃地发展。

本书是根据编者的农业理论教学实践以及多年从事无人机植保作业的经验编写而成的。本书共4章，第1章是植保旋翼无人机的基础知识，主要介绍了植保旋翼无人机的发展概述、飞行原理、系统组成以及安全使用规范；第2章是植保旋翼无人机的组成与操作，主要介绍了植保旋翼无人机的开箱组装、控制系统、智能电池与充电站、地面站的使用、参数调整与校准、航线规划、全自动AB点喷洒、起飞前检查和维护与保养等内容；第3章是植保旋翼无人机的作业解析，主要介绍了产品资质规范、植保团队组建指导以及作业规范；第4章是植保旋翼无人机的农业相关知识，主要介绍了农作物药品使用解析、农药使用安全、常见农作物相关病害与防治措施、常见喷洒系统和实验。

本书介绍的内容大部分来自于实践，贴近我国植保现状，指导性、操作性和实用性较强。可作为各类高职院校无人机应用技术及相关专业的教材，也适用于广大种植户、从事植保的“飞防人”以及从事农业技术推广的技术人员，还可作为无人机植保技术爱好者的参考用书。

杨苡、戴长靖、王明任本书主编，负责全书的编写和内容审定；另外，陈朋参与编写了第1章和第3章；何云峰参与编写了第2章和第4章；宫妍捷负责了后期汇总及校对工作。

由于编者水平有限，书中不足之处在所难免，恳请读者批评指正。

编　者

CONTENTS

目录

CONTENTS

第1章 植保旋翼无人机的基础知识

1.1 发展概述

1.1.1 我国农业植保现状

我国作为农业大国，保证粮食增产和粮食供给是农业发展的首要原则。病虫害是影响粮食产量的主要因素，病虫害防治在农业生产中具有重要地位。然而目前我国在病虫害防治上仍处于人工、半机械化或局部机械化阶段，如图 1-1 和图 1-2 所示。据统计，我国目前使用的植保机械以手动和小型机（电）动喷雾机为主，其中手动施药药械、背负式机动药械分别占国内植保机械保有量的 93.07% 和 5.53%，拖拉机悬挂式植保机械约占 0.57%。目前国内农药用量只增不减，投入成本逐年增加。农药在使用过程中浪费严重，资源有效利用率低下，同时带来严重的水土资源污染，农产品农药残留较高，导致生态系统失衡。我国目前的农业植保现状已经无法适应现代农业发展的要求。

图 1-1 人工喷药

图 1-2 小型喷药机械

目前我国大部分农村应对突发病虫害能力较弱。农村青壮劳动力流失，产生了病虫害防治期内雇人难、雇人贵的新问题。留守农村的少量劳动力多是老弱妇孺，行动能力有限。一旦暴发大面积病虫害只能减产减收，甚至绝收。据统计，我国每年因病虫害防治不及时，造成的粮食作物产量损失达 10% 以上，如图 1-3 和图 1-4 所示。

图 1-3　玉米虫灾

图 1-4　水稻灾害

1.1.2　国内外农业航空发展现状

1. 国内农业航空发展现状

我国农业航空起始于 1951 年，经过几十年的发展，农业航空作业量逐年增加。至 2019 年，我国农业航空年作业时长超过 5 万小时，基本以有人机为主，但是飞防喷药占有率远低于发达国家，仅为 10%。随着植保无人机的发展，无人机在农业领域的占比正在逐年上升。

2. 国外农业航空发展现状

从世界范围来看，农业航空较发达的国家主要有美国、俄罗斯、澳大利亚、加拿大、巴西、日本、韩国等国家，其中，美国、日本、俄罗斯的飞防喷药占有率与中国的对比如图 1-5 所示。

美国是农业航空应用技术最成熟的国家之一，已形成较完善的农业航空产业体系。据统计，美国农业航空对农业的直接贡献率达 15% 以上。目前美国有农用航空相关企业 2000 多家，已成立国家农业航空协会（National Agricultural Aviation Association,NAAA）。

俄罗斯地广人稀，拥有数目庞大的农用飞机作业队伍，数量高达 1.1 万架，作业机型以有人驾驶固定翼飞机为主，年处理耕地面积约占总耕地面积的 37% 以上。

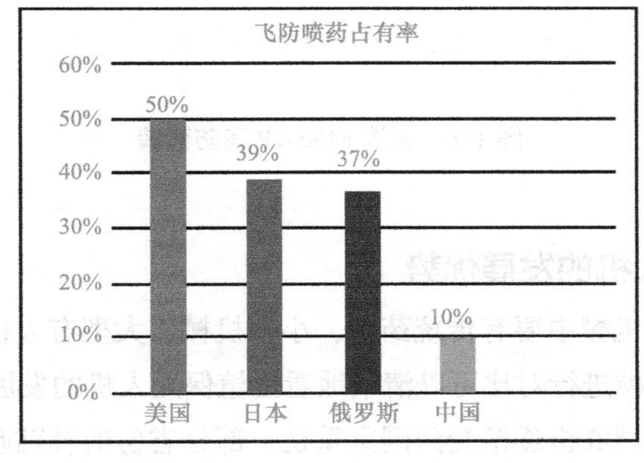

图 1-5　农业航空飞防喷药占有率

日本农业航空以直升机为主。日本是最早将微小型农用无人机用于农业生产的国家之一。1990 年，日本山叶公司推出世界第一架主要用于喷洒农药的无人机。无人机在农林业方面的应用发展迅速，成立了日本农用无人机航空协会（Japan Unmanned Aerial Vehicle Association, JUAV）。

1.1.3　植保无人机的发展趋势

我国逐渐重视植保无人机的发展并将其纳入农机范畴。植保无人机作为新型的农业施药机械，国内已有省份将其纳入农机补贴项目，从政策上推动了植保无人机快速发展。从业人员逐渐重视培训教育。目前国内植保无人机从业人员数量缺口较大，现有的从业人员能力素质良莠不齐，很多年轻人通过参加相关的培训开始了自己的创业之路。

1.1.4　我国植保无人机的发展进程

近几年我国植保无人机经历了从“无人知晓”到“多方关注”。深圳大疆、北方天途、广州极飞等植保无人机厂家逐渐崛起。2013 年植保无人机出现在人们的视野内，2015 年植保无人机迎来了大发展，2016 年被称为植保无人机的“元年”。北方天途的飞防套装如图 1–6 所示。

图 1–6　天途 M6E-1P 飞防套装

1.1.5　植保无人机的发展优势

目前国内农业植保机械主要有传统药箱、小型机械、大型有人机、植保无人机。通过将植保无人机与其他机械进行对比可以清晰地看出植保无人机的发展优势。

政策优势：作为新型农机逐渐受到国家重视，部分省份的补贴政策有助于推动植保无人机蓬勃发展。

性能优势：

1）作业效率高：在短暂的植保黄金期，能及时作业更多的面积，产生更多的经济效益。一架多旋翼无人机日作业量约在 300 ～ 500 亩（1 亩 =666.6 平方米）。

2）节水节药：与传统喷药机械相比，减少农药的“跑、冒、滴、漏”。植保无人机应用的是超低量喷雾技术，有高浓度、细喷雾、低容量的特点。

3）安全性好：施药过程中，人药分离，减少农药中毒的风险。

4）节省劳动力：一名青壮年劳动力日喷药量约为 50 亩，而一架植保无人机日作业量是人工的 7 ～ 10 倍。

5）作业效果显著：传统喷雾器打药，往往无法打到作物的叶片背面。而无人机飞过时带来强劲的下压风场可以将叶片吹翻，从而让药物附着到叶片背面，最大限度地消灭病虫害。

1.2 飞行原理

1.2.1 旋翼无人机的起源

旋翼无人机的起源需要从无人机说起。世界上最早的无人机诞生于 20 世纪初，1914 年第一次世界大战中有人研制出一种不是用人驾驶而是用无线电操纵的小型飞机。美国最早于 1939 年开始研制无人靶机，先后研制出“猎人”系列和“火蜂 Firebee”系列靶机，如图 1–7 和图 1–8 所示。无人机在战争中逐渐起到了不可忽视的作用。

图 1–7 猎人

图 1–8 火蜂 Firebee

George de Bothezat 在 1922 年制作出“飞天章鱼”，如图 1–9 所示。这个大型的四旋翼直升机是受美国军方的委托而制作，旨在开发出垂直起降的飞行器。该飞行器机身为 65 英尺（ft，1 英尺 =0.304 8 米）长、65 英尺宽和 10 英尺高，拥有 180 马力（hp，1 马力 =0.735 千瓦）的发动机来帮助其重达 3600 磅（lb，1 磅 =0.453 592 37 千克）的机身离开地面。这是早期的技术，虽然它只是成功地在离地 6 英尺的空中徘徊了 1 分钟。

图 1-9　飞天章鱼

20 世纪 50 年代，美国陆军开始测试各种垂直起降方案。Curtiss-Wright 公司被邀请参与制作了“飞行吉普”，如图 1-10 所示。Curtiss-Wright 的测试在 1959 ～ 1960 年间得到实现。“飞行吉普”的飞行虽然相对稳定，但是未能达到高度和速度的要求，因此并没有进一步推行该计划，但“飞行吉普”已经有了现代四旋翼无人机的雏形。

图 1-10　飞行吉普

1.2.2　多旋翼无人机的定义

多旋翼无人机是一种具有三个及以上旋翼轴的特殊的无人驾驶直升机。也就是说多旋翼无人机是无人直升机的变种式，也是无人直升机的一种。多旋翼无人机的结构简单、操作方便，逐渐在无人机领域中占据了主导位置，如图 1-11 所示。

图 1-11　多旋翼无人机

1.2.3　螺旋桨升力的产生原理

螺旋桨是以空气为介质，向无人机直接提供动力的部件，作用好比汽车的车轮。在旋转过程中，桨叶前缘（迎风面）劈开空气，气流快速经过桨叶的上下表面。如图 1-12 所示，首先，由于桨叶有迎角，下表面的气流会改变运动方向，向下运动时产生一部分反冲力，即一部分升力。此外，由于桨叶的翼型为上凸下平，上表面的气流流速更快，导致上表面的气压更低（这是流体的特点，流速越快，经过的表面压力越低），下表面较大的压力将桨叶向上表面的低压区域推，由此产生了另一部分升力。

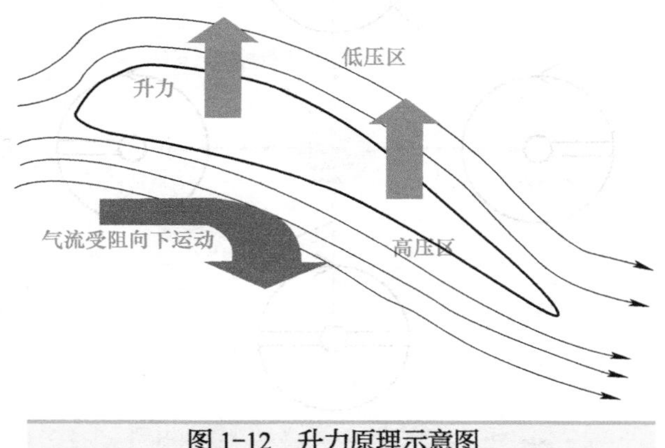

图 1-12　升力原理示意图

1．升力公式

$$L=1/2\rho v^2 S$$

式中，L 是螺旋桨的升力，单位为 N；ρ 是空气密度，标准状况下 ρ=1.29kg/m^3；S 是桨的旋转面面积，单位为 m^2；v 是桨的平均速度，单位为 m/s。

2．升力的作用

当升力等于或大于重力的时候，多旋翼无人机就可以在空中实现悬停和爬升，如图 1-13 所示。

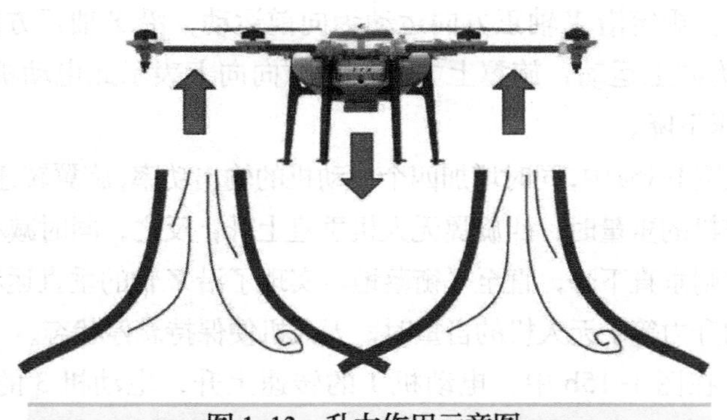

图 1-13　升力作用示意图

1.2.4　多旋翼无人机的运动原理

下面以四旋翼无人机为例，介绍多旋翼无人机的运动原理。

1．结构型式

旋翼对称分布在机体的前、后、左、右四个方向，四个旋翼处于同一高度平面，且四个旋翼的结构和半径都相同，四个电动机对称地安装在无人机的支架端，支架中间的空间安放飞行控制计算机和外部设备。结构型式如图 1-14 所示。

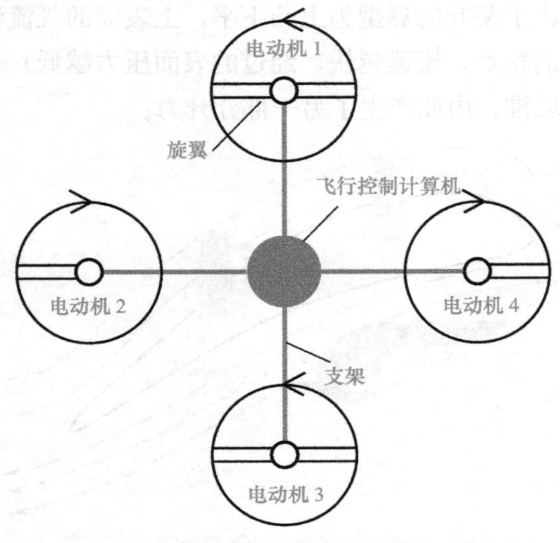

图 1-14　四旋翼无人机结构型式

2．工作原理

四旋翼无人机通过调节四个电动机的转速来改变旋翼的转速，实现升力的变化，从而控制飞行的姿态和位置。四旋翼无人机是一种六自由度的垂直升降机，虽然只有四个输入力，但却有六个状态输出，所以它又是一种欠驱动系统。

四旋翼无人机的电动机 1 和电动机 3 在逆时针旋转的同时，电动机 2 和电动机 4 在顺时针旋转，因此当无人机平衡飞行时，陀螺效应和空气动力转矩效应均会被抵消。

如图 1-15 所示，规定沿 X 轴正方向运动为向前运动，沿 Y 轴正方向运动为向右运动，沿 Z 轴正方向运动为向上运动；旋翼上方的箭头方向向上表示此电动机转速提高，方向向下表示此电动机转速下降。

1）垂直运动：在图 1-15a 中，同时增加四个电动机的输出功率，旋翼转速增加使总拉力增大，当总拉力足以克服整机的重量时，四旋翼无人机垂直上升；反之，同时减小四个电动机的输出功率，四旋翼无人机则垂直下降，直至平衡落地，实现了沿 Z 轴的垂直运动。当外界扰动量为零时，在旋翼产生的升力等于无人机的自重时，无人机便保持悬停状态。

2）俯仰运动：在图 1-15b 中，电动机 1 的转速上升，电动机 3 的转速下降（改变量与电动机 1 相等），电动机 2、电动机 4 的转速保持不变。由于旋翼 1 的升力上升，旋翼 3 的升力下降，产生的不平衡力矩使机身绕 Y 轴旋转；同理，当电动机 1 的转速下降，电动机 3 的转速上升，机身便绕 Y 轴向另一个方向旋转，实现无人机的俯仰运动。

3）滚转运动：与图 1-15b 的原理相同，在图 1-15c 中，改变电动机 2 和电动机 4 的转速，保持电动机 1 和电动机 3 的转速不变，则可使机身绕 X 轴旋转（正向和反向），实现无人机的滚转运动。

4）偏航运动：旋翼转动过程中由于空气阻力作用会形成与转动方向相反的反转矩，为了克服反转矩的影响，可使四个旋翼两个正转，两个反转，且对角线上的各个旋翼转动方向相同。反转矩的大小与旋翼的转速有关，当四个电动机的转速相同时，四个旋翼产生的反转矩相互平衡，四旋翼无人机不发生转动；当四个电动机的转速不完全相同时，不平衡的反转矩会引起四旋翼无人机转动。在图 1-15d 中，当电动机 1 和电动机 3 的转速上升，电动机 2 和电动机 4 的转速下降时，旋翼 1 和旋翼 3 对机身的反转矩大于旋翼 2 和旋翼 4 对机身的反转矩，机身在反转矩的作用下绕 Z 轴转动，实现无人机的偏航运动，转向与电动机 1、电动机 3 的转向相反。

5）前后运动：要想实现无人机在水平面内前、后、左、右运动，必须在水平面内对无人机施加一定的力。在图 1-15e 中，增加电动机 3 的转速，使拉力增大，相应减小电动机 1 的转速，使拉力减小，同时保持其他两个电动机转速不变，反转矩仍然要保持平衡。按图 1-15b 的理论，无人机首先发生一定程度的倾斜，从而使旋翼拉力产生水平分量，实现无人机的向前飞行。向后飞行与向前飞行正好相反。（在图 1-15b 和图 1-15c 中，无人机在产生俯仰、翻滚运动的同时也会产生沿 X、Y 轴的水平运动。）

6）侧向运动：在图 1-15f 中，由于结构对称，所以侧向飞行的工作原理与前后运动完全一样。

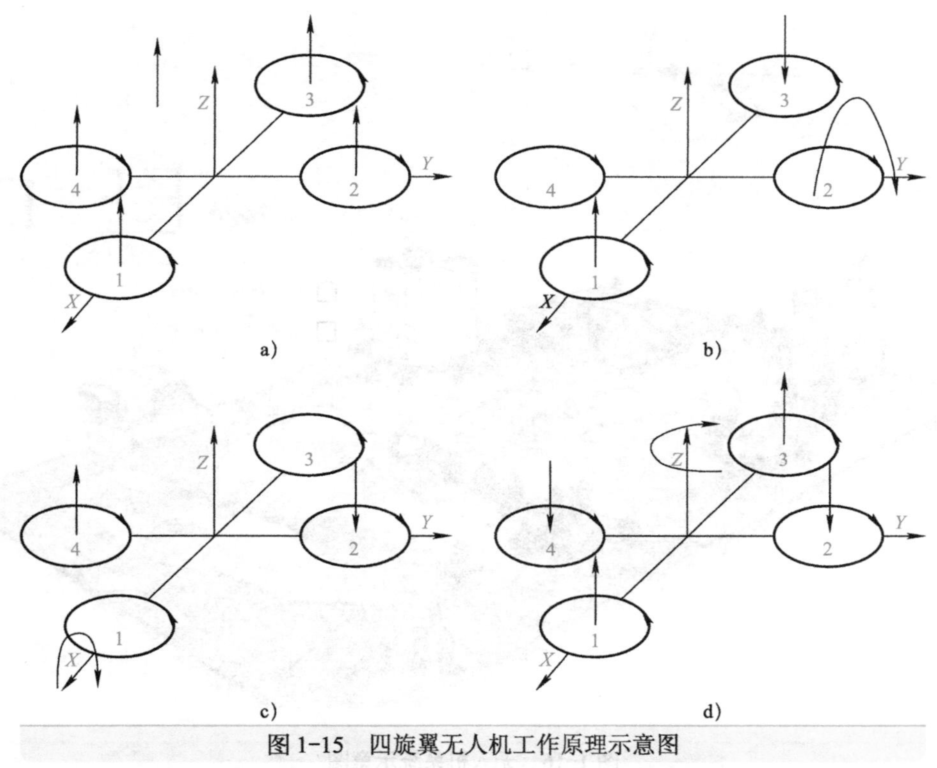

图 1-15　四旋翼无人机工作原理示意图

a) 垂直运动　b) 俯仰运动　c) 滚转运动　d) 偏航运动

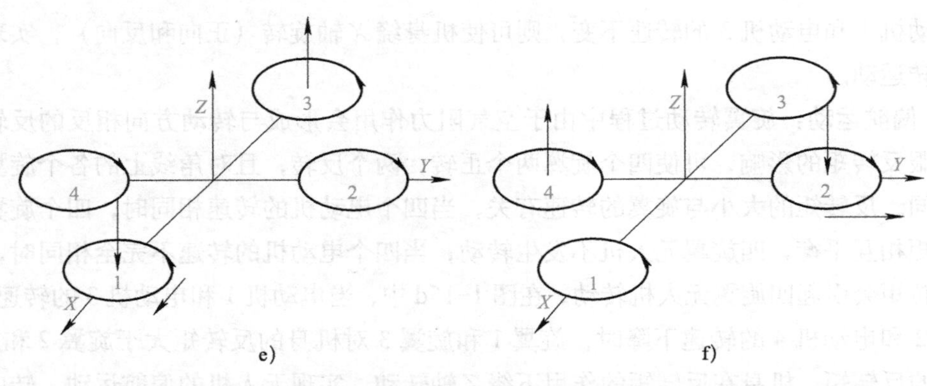

图 1-15 四旋翼无人机工作原理示意图（续）

e) 前后运动 f) 侧向运动

1.3 系统组成

无人机系统（Unmanned Aircraft System，UAS）也称无人驾驶航空器系统（Remotely Piloted Aircraft Systems，RPAS），是指无人机、相关的遥控站、所需的指令、控制数据链路以及其他部件组成的系统，如图 1-16 所示。

图 1-16 无人机系统示意图

1.3.1 机身组件系统

1）机架：主要功用是装载动力电池，同时是其他结构部件的安装基础，使机臂、脚架、药箱等连接成一个整体，如图 1–17 所示。

2）机臂：是机架结构的延伸，用以扩充轴距，安装电动机，有些旋翼的脚架也安装在机臂上，如图 1–18 所示。

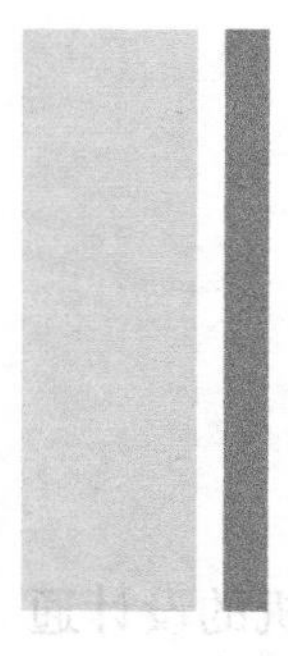

图 1–17　机架

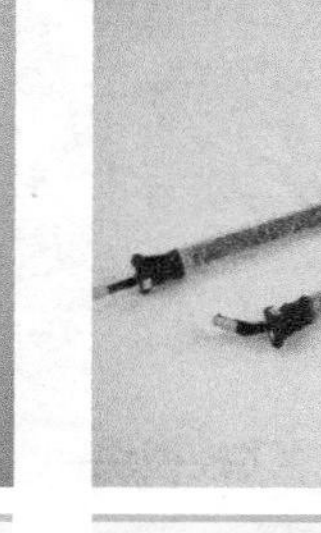

图 1–18　机臂

3）脚架：是用来支撑停放、起飞和着陆的部件，还兼具保护下方仪器、设备的功能，如图 1–19 所示。

4）螺旋桨：给无人机提供升力的装置，如图 1–20 所示。

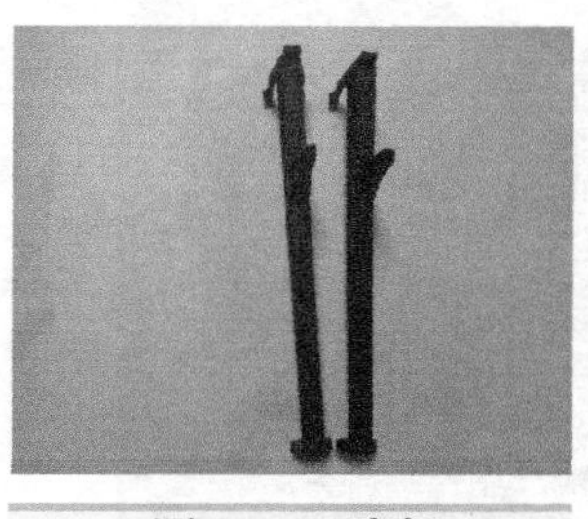

图 1–19　脚架

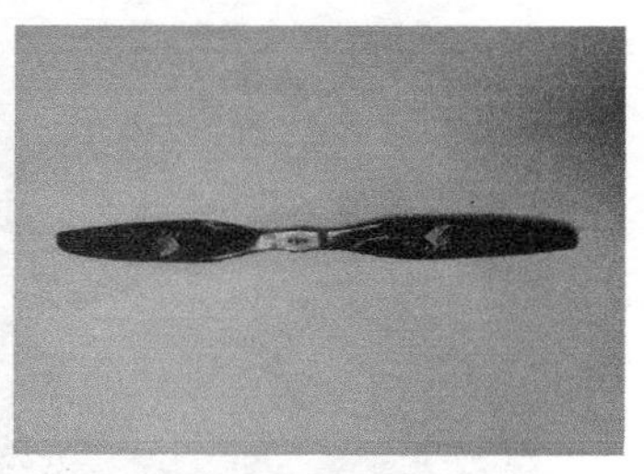

图 1–20　螺旋桨

5）电子调速器：是电动机在使用中必不可少的搭配，简称“电调”，旋翼无人机通过电调的变压来改变电动机的转速，从而实现对旋翼无人机的控制，如图 1–21 所示。

6）电动机：是为螺旋桨的转动提供动力的装置，如图 1–22 所示。

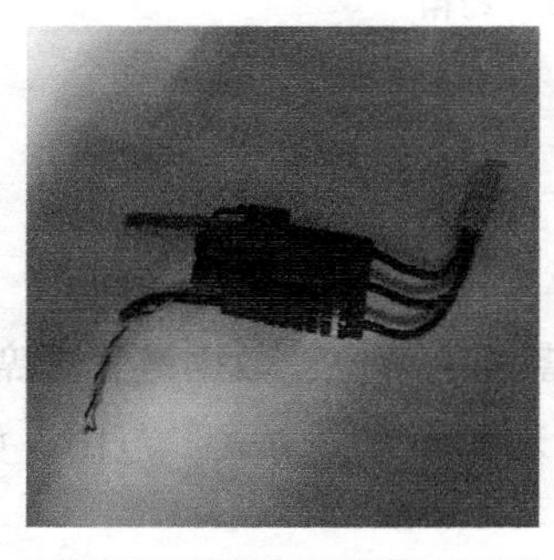

图 1–21　电子调速器

图 1–22　电动机

7）飞控模块：是无人机的飞行控制系统，如图 1–23 所示。主要包括陀螺仪（飞行姿态感知）、角速率陀螺（测量角速度）、高度传感器、加速度计、GPS 模块（见图 1-24）以及控制电路。主要的功能是自动保持无人机的正常飞行姿态，对无人机实现全权控制与管理，它是无人机的中央控制单元，负责无人机上各个单元的协调工作，并与地面站进行数据传输。

图 1-23　飞控模块

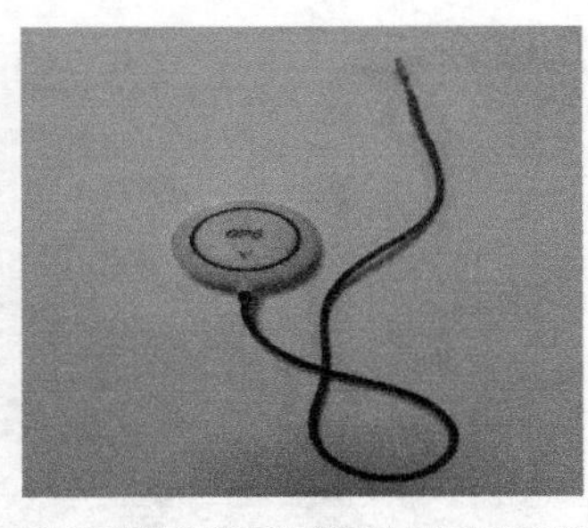

图 1-24　GPS 模块

8）任务载荷：大多无人机系统升空执行任务，需要搭载任务载荷。无人机的设计通常围绕所应用的任务载荷进行，例如，“天途 M6E-1P”植保无人机下面搭载的药箱，如图 1-25 所示。

图 1-25　药箱

1.3.2　导航控制系统

1. 显示系统

地面控制站内的飞行控制席位、任务设备控制席位、数据链管理席位都设有相应分系统的显示装置，因此需综合规划，确定所显示的内容、方式、范围，如图 1-26 所示。显示系统的具体内容包括：

1）飞行参数综合显示：飞行与导航信息、数据链状态信息、设备状态信息、指令信息。

2）告警视觉：灯光、颜色、文字；听觉：语音、音调，一般分为提示、注意和警告三个级别。

3）地图航迹显示：导航信息显示、航迹绘制显示以及地理信息的显示。

图 1-26 显示系统

2. 操作系统

对无人机的操控主要通过遥控器（见图 1-27）完成，其主要部件如下：

图 1-27 遥控器

油门舵：控制无人机上升下降的摇杆。

升降舵：控制无人机前后移动的摇杆。

副翼舵：控制无人机左右移动的摇杆。

方向舵：控制无人机左右旋转的摇杆。

遥控器有两个操作模式：

美国手：左手上下活动的摇杆为油门舵，左右活动的摇杆为方向舵；右手上下活动的摇杆为升降舵，左右活动的摇杆为副翼舵。

日本手：左手上下活动的摇杆为升降舵，左右活动的摇杆为方向舵；右手上下活动的摇杆为油门舵，左右活动的摇杆为副翼舵。

1.3.3 通信链路系统

1．机载通信系统

早期植保无人机的机载通信系统分为接收机、Wi-Fi 模块和图传模块，随着技术的发展，现在已研制出将接收机、Wi-Fi 模块和图传模块融合成一体的数传模块，如图 1–28 所示。

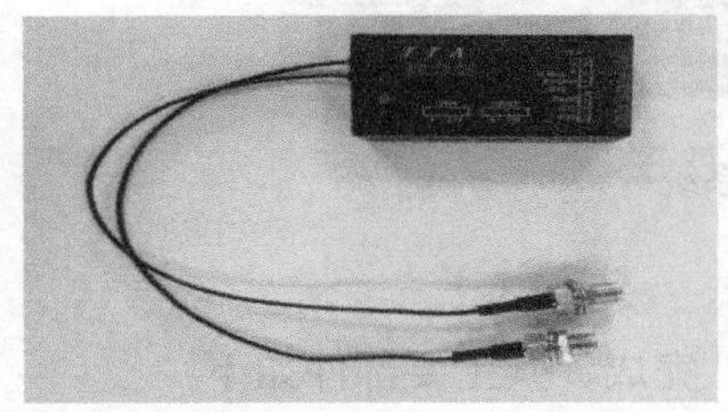
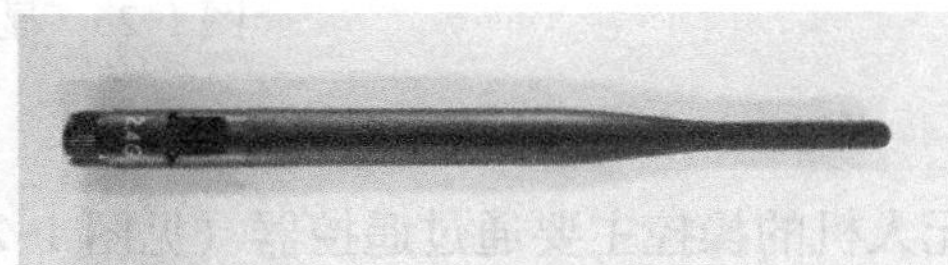

图 1–28 数传模块

2．地面终端

民用通信链路的地面终端硬件一般会被集成到控制站系统中，称作地面终端，部分地面终端会有独立的显示控制界面，如图 1–29 所示。

图 1–29 地面终端

1.4 安全使用规范

植保无人机并非玩具，它是结合了许多高科技设备设计出来的专业无人飞行器，产品使用不当或对操作不熟悉都可能造成重大损失伤亡或其他类型事故，所以在使用前必须进行专业的产品培训。

1.4.1 环境安全

随着植保无人机技术的不断发展，无论是在平原地区还是丘陵地带，无人机都可以自由飞行并完成作业任务，但在大风、下雨、高温、高湿等气候条件下，农药的药效会受到影响。所以安全的作业环境对植保作业至关重要。

1. 地形

目前植保无人机能够实现全自主飞行、自主避障。无人机的自动化程度越高，应用越方便，但是由于植保的作业场地地形非常复杂，还不能完全依靠全自动化，操作者的安全意识和责任感不能放松。例如，我国丘陵、山地，梯田结构太过垂直，完全用全自主模式有一定的风险，所以不同的地形环境对植保作业有较大影响。

平原地带农田基本较为平坦辽阔（见图1-30），此类地形较为适合全自主作业，但在无人机作业时通常需要注意田地间是否有电线、电线杆、房屋、凸起的土堆等障碍物。

图1-30 平原

丘陵地带农田地块基本较小且不规则（见图1-31），应根据不同实际环境合理选择作业模式，在作业前需观察地形地貌，规划作业任务时需着重考虑地形与影响飞行安全的障碍物等。

无人机较为适合小范围山地（见图1-32）植保作业，大面积的山地作业建议使用有人机。无人机作业时通常需要考虑山地坡度起伏情况，是否有悬崖峭壁、高压线缆，有无起降点等。

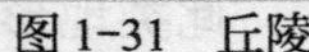
图 1-31　丘陵

图 1-32　山地

2. 天气

农药的防治效果常会受到天气的影响，在大风、下雨、高温、高湿等气候条件下使用农药将会影响药剂的药效正常发挥。因此，在上述天气条件下不宜施用农药。天气图样如图 1-33 所示。

1）大风天气不宜用药。因为大风天气容易使喷撒的药粉或喷雾的雾滴随风飘扬，不能很快降落和均匀附着在所要防治的农作物体表上；同时，药剂飘移到邻近敏感作物上易引起药害，飘落到施药人员身上易引起中毒，飘散到空气和水源中易造成环境污染。即使有部分药剂到达要防治作物的体表，但在大风影响下，枝叶摇晃摩擦，也会造成药剂的流失。

图 1-33　天气图样

2）阴雨天不宜施药。因为雨水能直接冲刷掉药剂，造成流失，不仅影响防治效果，还会造成河流水域的污染，导致鱼、虾等水生物的中毒死亡。不同的农药抗雨水冲刷的能力有所不同。一般内吸性农药能被作物吸收到体内，受雨水的影响就小，尤其是拌种用的药剂，受雨水的影响更小。在农药剂型中，以粉剂和可湿性粉剂最不耐雨水冲刷，容易流失，而乳油农药由于在作物上形成一层油膜，对雨水冲刷有抵抗力，但也有一定的限度。

3）高温天气不宜施药。高温会促进农药的分解，加速药剂的挥发，从而缩短农药的持效期，降低防治效果。同时，因农作物在炎热天气时的新陈代谢作用旺盛，叶片的气孔开放多而大，药剂很容易进入作物体内而发生药害。因此，在高温时即使迫不得已必须施用农药，也应适当降低药剂浓度，尽量不在中午施药，以免发生药害和施药人员中毒事故。

4）高湿天气不宜施药。如果空气中湿度大、雾气重或露水多，则容易使农药发生化学分解，使药剂失效或者发生作物药害。但微生物农药在高温情况下使用可以更好地发挥药效。

3．地理环境

地块的周边环境可能会影响无人机植保的效率，所以在飞行前需对地块进行场地勘察，通常影响作业的情况包括作业田块周围 10 米范围内有人员居住的房舍，作业田块周围 10 米范围有防护林、高压线塔、电杆等障碍物；作业田块中有影响飞行安全的障碍物或影响飞行视线的障碍物；作业田块周界或田块中间没有合适的起落点；作物高度较高，操作人员无法观察到无人机的飞行姿态；作业田块没有适合操控人员行走的道路等。无人机日常作业情况如图 1–34 所示。

图 1–34 无人机日常作业

1.4.2 设备安全

外出飞行作业前，应确保无人机状况良好，检查机身及螺旋桨有否刮伤或损坏，并确保电池、遥控器及移动设备的电量充足，起飞前必须确认做好飞行前检查以及地面检测，确保飞行安全。

1．整机结构检查

机架是无人机的承载平台，所有设备都是用机架承载的，无人机机架的质量很大程度上决定了这部无人机的质量。所以飞行前需对整体结构做一个细致全面的检查，检查此类部件是否有破损、裂纹、变形等情况，如有上述情况需及时更换处理，禁止将安全隐患带到空中。北方天途无人机的整体结构如图 1–35 所示。

图 1–35　北方天途无人机整体结构

2．动力部分检查

1）螺旋桨：如果起飞后无人机悬停不稳且有异响，则可能是螺旋桨有破损或表面污垢较多，需检查螺旋桨安装是否紧固、表面是否有破损等。

2）电动机：电动机运转时如果发出异响、异常发热、旷量较大、运转不顺畅、缺相等情况，则需要对其进行维修处理后方可使用。

3）电调：M6E-1P 无人机秉承模块化、精简设计思路，将电调与整个机身延伸出来的机臂融合，在飞行降落后需要检查此部件是否存在异常发热现象，如果存在需及时查找原因并及时处理。

4）电池：电池部分将在 2.3 节中详细讲解。

动力部分器件如图 1–36 所示。

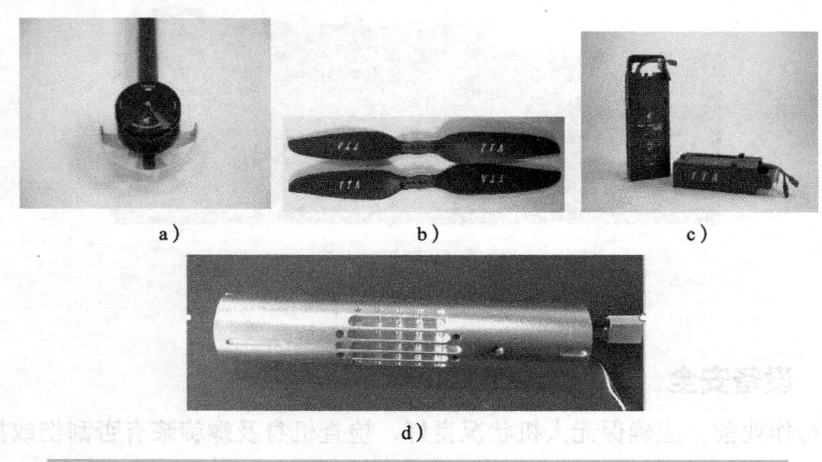

a）　b）　c）　d）

图 1–36　动力部件

a）电机　b）螺旋桨　c）电池　d）电调

3. 安全与应急处理

植保无人机作为近几年刚兴起的产品，它的技术仍然有一些不成熟的地方。有时，“炸机”并非是飞手自己大意，而是无人机本身出了问题，无人机在天上一旦失控，“炸机”的可能性大大提高。出现失控的原因很多，其中非人为原因包括GPS信号丢失、无线或电磁信号干扰。

从失控到“炸机”的过程最短只有几秒的时间，这时候飞手首先需要保持冷静。失控发生时的应急处理如下。

1）当无人机发生较大故障而发生坠机时，要首先确保人员安全。

2）出现紧急情况时，如无人机受到干扰、失控、在空中电动机停转等，需尽快完成迫降，尽可能将损失降到最低。

3）无人机进入失控状态后会自主返航，飞回记录的返航点。不用惊慌，调整遥控器方向，等待遥控信号恢复，然后夺回控制权。

4）无人机悬停不稳，可能是由于卫星信号较差、磁罗盘受到干扰或者螺旋桨有破损，应当控制无人机降落在安全地面，全面检查之后再评估是否可以再次飞行。

第2章 植保旋翼无人机的组成与操作

2.1 开箱组装

2.1.1 机身组件

植保旋翼无人机的机身如图 2-1 ～图 2-3 所示。

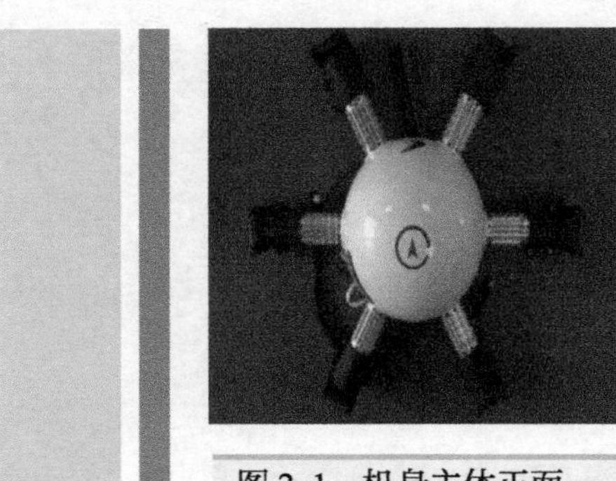

图 2-1 机身主体正面

图 2-2 机身主体背面

图 2-3 安装后

植保旋翼无人机的机身组件如下：

1）飞控系统：机身内部的飞行控制系统。

2）电调组件：将电调巧妙融合在延伸出的机臂上。

3）底板、上壳：作为机身组件上最主要的结构件，完美地将飞控系统保护在机身内部。管夹组件：材质为高强度塑料，重量轻、强度高、韧性强、价格低。

2.1.2 机臂与脚架组件

机臂包装箱内所含组件如图 2-4 所示，包含脚架组件 6 根，机臂组件 6 根（带灯的 2 根，不带灯的 4 根）。其中，下侧包装海绵包含 4 根脚架、2 支带灯机臂、1 支不带灯机臂。上侧包装海绵包含 2 根脚架、3 支不带灯机臂。

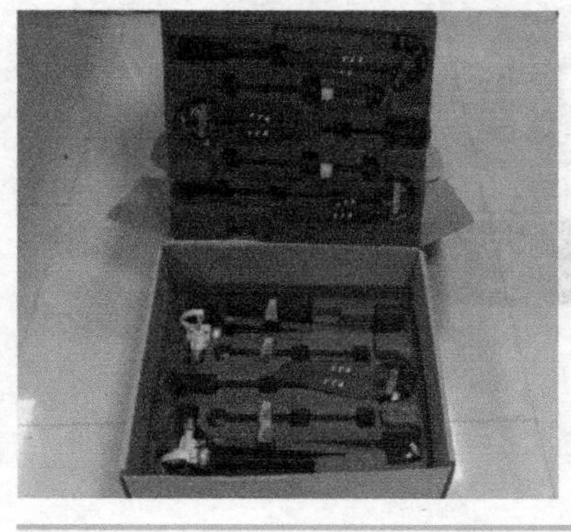

图 2-4 机臂包装箱内部组件

2.1.3　水箱组件

水箱组件由桶盖组件、水泵、三通、流量计等组成，主要作用是盛装农药，同时作为无人机的结构部件。其模块化的设计便于拆装与清洗，每个插头都采用航空插头，防止药液腐蚀，如图 2-5 所示。

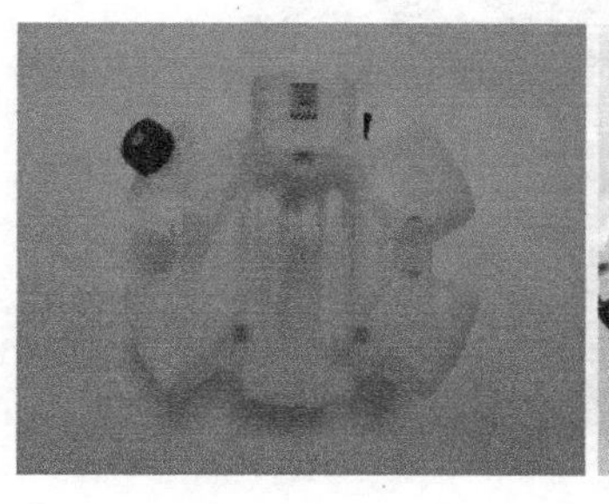
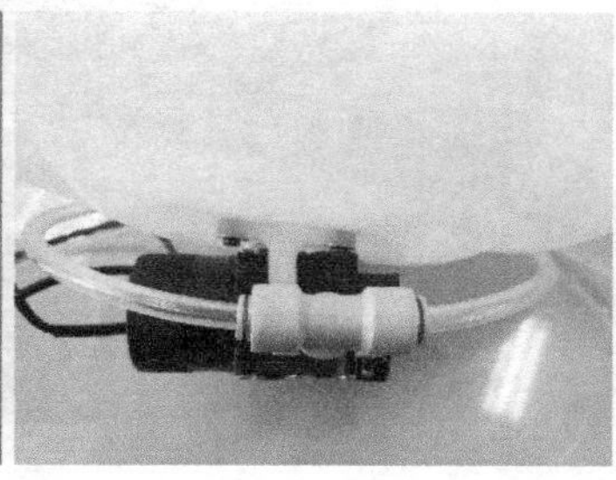

图 2-5　水箱组件

水箱组件既作为盛装容器，又作为结构件与机身及脚架组件成为一体，模块拆装设计，兼顾维修与运输。

2.1.4　整体组装

第一步将两个带灯电调管上对应的脚架组件安好，然后安装其余 4 个，当脚架上的小凸台刚好卡在管夹的豁口中时，安装完毕。如图 2-6 所示，两边的药桶减震垫刚好卡在两个带灯电调管上，且桶盖方向为机尾方向。

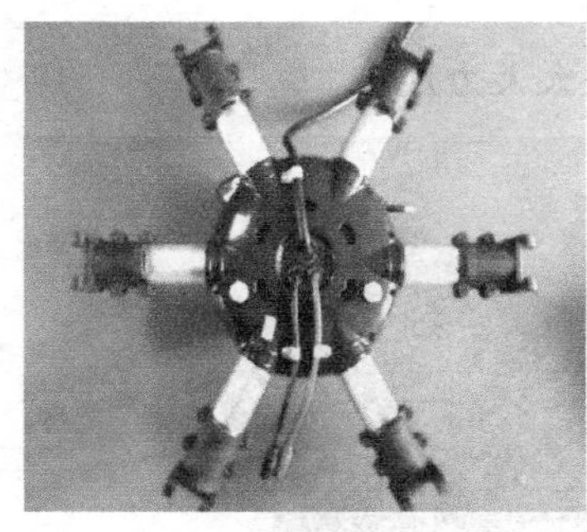

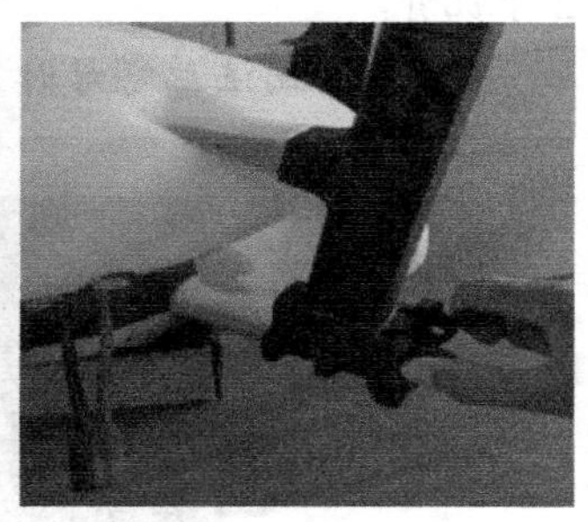

图 2-6　第一步安装图示

第二步操作流程如下（见图 2-7）：

1）将六芯双绞线的黑色热缩套 3P 公头与多功能桶盖组件中黑色热缩套 3P 母头（流量计组件）连接。

2）将六芯双绞线的黑色热缩套 3P 母头与水泵组件的黑色热缩套 3P 公头（水泵组件）连接。

3）将六芯双绞线的黑色热缩套 4P 母头与桶盖上的雷达模块组件的黑色热缩套 4P 公头（雷达模块）连接。

图 2-7 第二步安装图示

第三步操作流程如下（见图 2-8）：

1）将机臂上的插头插到电调管相应的插座上。

2）用 M5×49 的塞打螺钉穿过机臂和管夹，用 M5 的法兰螺母固定。

3）1 号和 4 号安装逆时针机臂，2 号和 5 号安装顺时针机臂，3 号安装逆时针带喷嘴机臂，6 号安装顺时针带喷嘴机臂。

注意事项

1）动力线出线方向为机头，由机尾向机头看，机头右侧为 1 号机臂，机头左侧为 2 号机臂。

2）在紧固法兰螺母时只需将螺钉与螺母平齐，不需要太大力度。

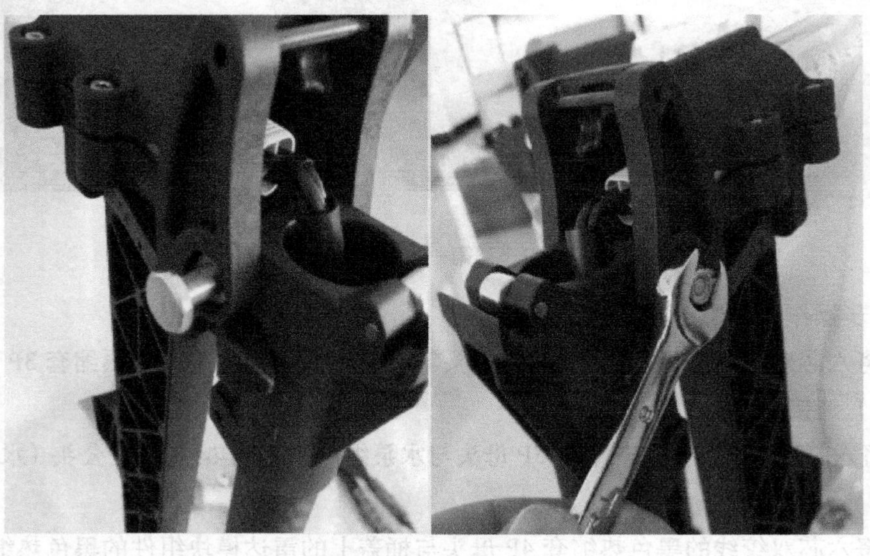

图 2-8 第三步安装图示

第四步药管安装操作流程如下（见图 2-9）：

1）将 2 根 $\phi8$ 透明软管安装到水箱三通 $\phi8$ 直通快插中。

2）将 2 根 $\phi8$ 透明软管穿过喷嘴机臂组件上的管夹座中，再将其塞到喷嘴电动机座盖组件 $\phi8$ 直通快插中。

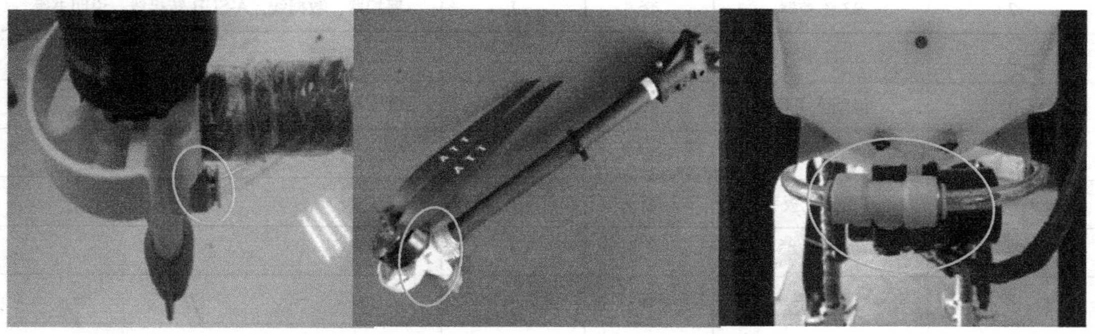

图 2-9　第四步安装图示

2.1.5　组装完成

组装完成后的旋翼无人机如图 2-10 所示。

图 2-10　组装完成后的旋翼无人机

配置清单见表 2-1。

表 2–1 配置清单

序　号	配置名称	单　位	数　量	备　注
1	M6E-1P 整机一套	套	1	含机身组件、机臂组件、脚架组件、水箱组件套装、防地模块
2	R3 遥控器	套	1	遥控器、数据线、A-SUB 转接线、说明书等
3	桨托	个	6	固定螺旋桨
4	微型水平仪	个	1	调节电动机平衡
5	TTA 扳手	套	1	
6	开口梅花扳手	套	1	
7	专用漏斗	个	1	
8	说明书	套	1	
9	小配件	包	1	扇形喷头帽 2 个、喷头滤网 2 个、扇形喷嘴 4 个

2.2 控制系统

无论是工业级无人机还是消费级无人机，大多配有遥控器。植保无人机也配有专用的遥控器，为植保喷洒作业提供及时、精准、可靠的操作，为植保喷洒作业的顺利进行提供不可或缺的保障。虽然植保无人机在作业过程中可以实现全自主飞行，但是如果没有匹配遥控器将会增加植保无人机飞行的风险。本节以天途 M6E-1P 植保无人机的遥控器为例对植保无人机遥控器（见图 2–11）的植保功能设置进行讲解。

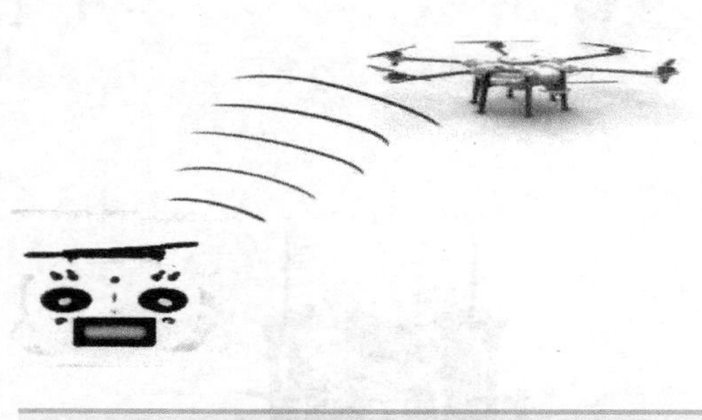

图 2–11　遥控器与无人机信号传输

2.2.1 遥控器与无人机的双向传输通信

植保无人机在使用过程中与遥控器时刻保持着通信。M6E-1P 的遥控系统具备双向传输功能，遥控器将操作者的控制意图和操作指令通过无线电波传递给无人机上的接收模块，无人机控制系统接受指令并执行相关命令。控制系统自动将执行完的命令、无人机的电量和药箱药液使用情况及时回传给遥控器，遥控器以语音播报的形式告知操作者，让操作者的操作过程更加简单、便捷、安全。

2.2.2 遥控器的外观与功能

遥控器外观如图 2-12 所示，图中清楚地展示出了遥控器的主要组成部分。左右两侧摇杆分别对应无人机的 4 个基本控制通道：副翼、升降、油门、方向，可控制无人机的横滚、俯仰、动力输出和偏航。虽然是两个摇杆，但其实相当于 4 个开关，4 个摇杆名称分别是 J1、J2、J3、J4。摇杆提供的是模拟量开关，模拟量开关好比汽车的油门踏板和刹车踏板，大小由施加的力控制。

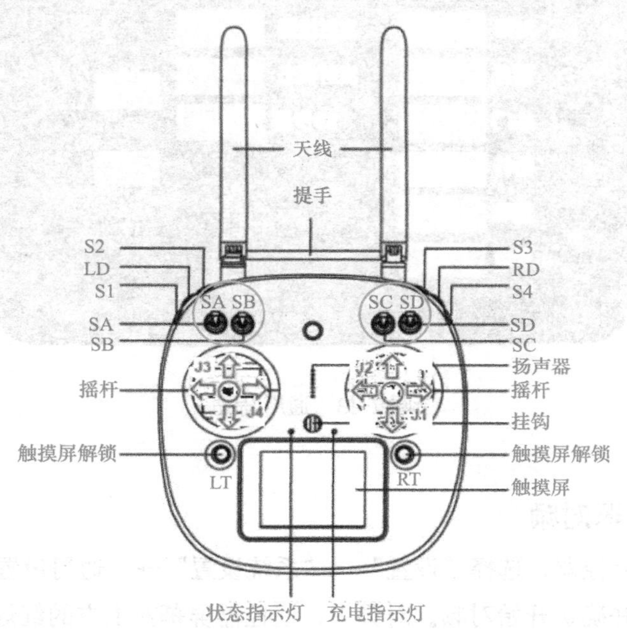

图 2-12 遥控器外观线图

除了模拟量开关，还有功能开关。功能开关类似于汽车上的档位，拨到什么位置就执行什么命令。与模拟量开关不同的是与施加力量的大小无关。

在图 2-12 的圈内，SA 开关是飞行状态切换功能：1 档为自稳模式，通常也叫作手动模式；2 档为 GPS 模式，由卫星定位系统提供增稳和定位；3 档为进入 AB 模式，在记录完 A 点和 B 点之后拨到此档位。在右边相邻的 SB 开关是水泵手动和联动模式切换，注意，M6E-1 无人机的遥控器右上角的 RD 拨轮可用来调节水泵流量。SC 开关是仿地开关。SD 开关的 2 档和 3 档分别记录 A 点和 B 点，如果要清除 AB 记录点，则需要反复上下拨动 SD 开关不少于 4 次。S3 开关是一键返航。

遥控器上的菜单键使用频率较低，主要用来进行遥控器的参数设置、遥控器对频和更改摇杆模式（美国手或日本手）。遥控器在出厂前的参数都已经设置好，使用者不需要再进行设置。

遥控器背面是提手及遥控器开关。

2.2.3 摇杆模式切换

第一步，打开遥控器，选择“设置”→“系统设置”→“通用设置”命令（见图 2-13）。

第二步，单击“遥杆”按钮，选择摇杆模式。

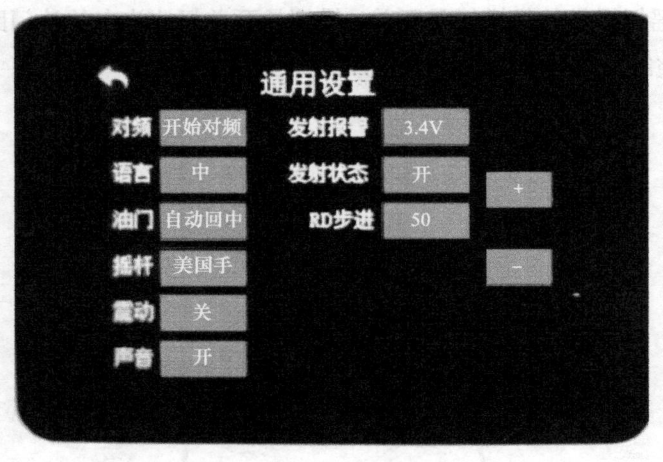

图 2-13　通用设置

2.2.4 遥控器对频

第一步，打开遥控器，选择“设置”→“系统设置”→“通用设置”命令。

第二步，选择并确认开始对频。对频中，遥控器屏幕左上方的红灯开始闪烁，提示对频成功后变成绿灯。

遥控器对频中的注意事项：

1）远离人群，与无人机保持安全距离。

2）务必确保其他遥控器都已经关闭。

3）严格按照对频说明操作，按步骤进行。

4）对频结束后，重新给无人机供电。

2.2.5 遥控器电池充电说明

用 Mic 数据线插到遥控器上方的 5V-2A 接口，将另一端的 USB 口插到电源适配器。遥控器正面 LED 的红灯常亮表示正在充电，充满之后变为绿灯。

2.2.6 遥控器使用规范

1）遥控器握法，如图 2-14 所示。

双指捏杆（拇指和食指），大拇指第一关节自然弯曲，用靠近指尖的位置压住摇杆顶端，食指指尖辅助大拇指进行操作，小拇指勾住遥控器背板，两掌外侧向内挤压住遥控器两侧，中指和无名指放松地搭在开关之间。遥控器底端抵住小腹，双肘用力夹住身体，手臂关节角度略微大于 90°，成放松姿势。

在操作摇杆时，需注意动作要平顺、连贯、果断，避免粗猛推杆操作，也不要犹豫不决。在练习时，建议加强对手指的控杆精度和细腻程度的训练。模拟器的悬停训练或遥控器上的舵机状态检查功能都可以帮助提高控杆细腻程度。

2）遥控器的天线放置方向如图 2-15 所示。

图 2-14 遥控器握法

图 2-15 天线放置方向

2.3 智能电池与充电站

智能电池是为无人机提供动力的装置，正确认识智能电池的各项功能使用是必不可少的。有了智能电池当然少不了充电站，智能充电站是给智能电池提供电力的装置。

2.3.1 智能电池的基本参数

如图 2-16 所示，智能电池的容量为 14 000mAh，由 12 片单片电池组成。“12 S”中的 S 代表 12 片智能电池的材料与常规电池一样，都是锂聚合物电池。

2.3.2 智能电池的功能和使用

1．按键功能

电池上的按键如图 2-17 所示，短按按键 1 秒，可查看当前电量，长按按键 5 秒，可查看电池剩余使用寿命；短按 1 秒 + 长按 2 秒，开启电池，可对电池充电；短按 1 秒 + 长按 2 秒，关闭电池。

图 2-16 电池基本参数

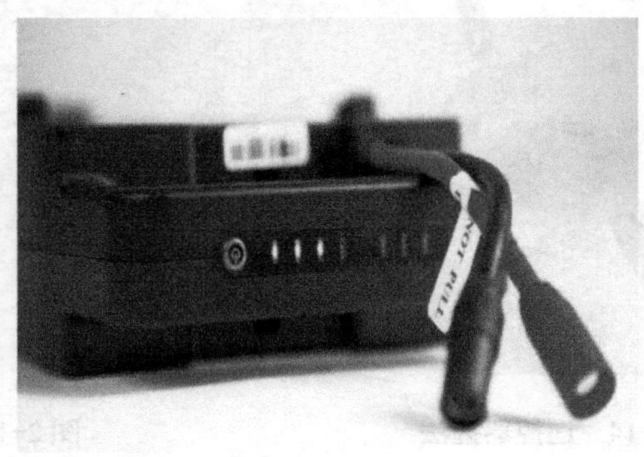

图 2-17 电池按键

2．查看电量

在电池关闭状态下，短按按键一次，可查看当前电量。

电量指示灯对应的电量情况见表 2-2。

表 2-2 电量情况显示

电池容量	绿色 LED1	绿色 LED2	绿色 LED3	绿色 LED4
0% ~ 12%	闪	灭	灭	灭
13% ~ 24%	亮	灭	灭	灭
25% ~ 37%	亮	闪	灭	灭
38% ~ 49%	亮	亮	灭	灭
50% ~ 62%	亮	亮	闪	灭
63% ~ 74%	亮	亮	亮	灭
75% ~ 87%	亮	亮	亮	闪
88% ~ 100%	亮	亮	亮	亮

3. 查看寿命

电池寿命表示电池使用的期限，在电池关闭状态下，长按电源键 5 秒左右，电量指示灯可显示电池寿命。松开电源键 3 秒后所有指示灯熄灭。指示灯对应的电池寿命情况见表 2-3。

表 2-3　电池寿命情况显示

电池寿命	绿色 LED1	绿色 LED2	绿色 LED3	绿色 LED4
100% ～ 88%	亮	亮	亮	亮
87% ～ 75%	亮	亮	亮	闪
74% ～ 63%	亮	亮	亮	灭
62% ～ 50%	亮	亮	闪	灭
49% ～ 38%	亮	亮	灭	灭
37% ～ 25%	亮	闪	灭	灭
24% ～ 13%	亮	灭	灭	灭
12% ～ 0%	闪	灭	灭	灭

4. 提醒功能

提醒功能对应的指示灯显示情况见表 2-4。

1）保养提醒：如果电池组使用不当导致电池压差过大、电压过放，则电量指示灯处红色指示灯亮，提示电池需要保养后再使用。

2）低电压提醒：当系统检测到最低节电压在 2.5 ～ 3.65V 之间时，判断为低电压，会进行充电提醒，橙色 LED 亮。

3）储存提醒：当电池处于储存状态时，电池电压过高容易引起电芯鼓胀，故长时间或高温储存时，系统会将电压降到合适范围，同时会进行存储提醒，白色 LED 亮。

表 2-4　提醒功能显示说明

红色 LED 5	橙色 LED 6	白色 LED 7	说明
亮	灭	灭	电池保养提醒
灭	亮	灭	电池处于低电量状态
灭	灭	亮	电池处于存储状态

5. 静置自均衡和自储存

智能均衡，电池会自动微调内部平衡，延长电池的充放电池时间。

智能储存，电池在满电情况下长期闲置，电池会自动调整到最适宜存储的容量范围。

2.3.3　充电站的产品参数

充电站的产品参数如图 2-18 所示。

1）输入电压：交流 190 ～ 220V。

2）最大充电电流：通道 CH1:20.0A，通道 CH2:20.0A。

3）最大充电功率：通道 CH1:1000W，通道 CH2:1000W。

4）平均输出电压：通道 CH1:50.4V，通道 CH2:50.4V。

5）最大均衡电流：400mA。

6）最大静态功耗：320mA。

7）显示模式：LED 显示。

8）支持电池串数：12S。

9）充电器工作环境温度：0 ～ 40℃。

10）重量：16kg。

11）产品尺寸：360mm×240mm×320mm。

2.3.4 充电站的注意事项

充电站如图 2-19 所示，使用时的注意事项如下：

1）充电区域保持整洁干净，必须在绝缘的面板上摆放充电器和电池，不得有其他导电体。

2）充电时正负极不得接反，需经常检查充电器及电池温度。

3）充电时正负极均要做好绝缘或尽可能保持较远的距离。

4）充电区域除了正在充电的电池之外不得存放其他电池。

5）充电区域必须做好通风防火处理，配备电器灭火器，必要时使用防爆电池袋。

6）在人离开 1 小时以上（即无人看管）时，所有电源必须关闭。

产品参数

1. 输入电压：交流 190 ～ 220V；
2. 最大充电电流：通道 CH1:20.0A；通道 CH2:20.0A；
3. 最大充电功率：通道 CH1:1000W；通道 CH2:1000W；
4. 平均输出电压：通道 CH1:50.4V；通道 CH2:50.4V；
5. 最大均衡电流：400mA；
6. 最大静态功耗：320mA；
7. 显示模式：LED 显示；
8. 支持电池串数：12S；
9. 充电器工作环境温度：0 ～ 40℃；
10. 重量：16kg

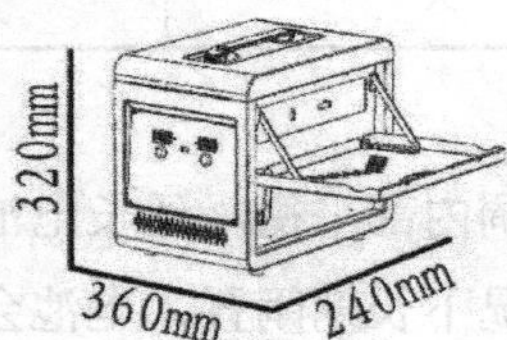

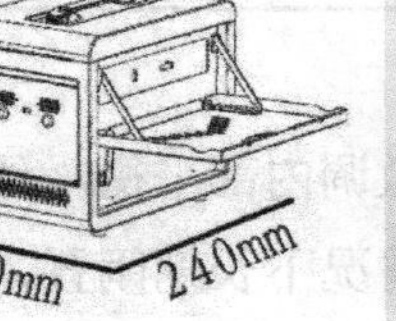

图 2-18 充电站产品参数

图 2-19 充电站

2.3.5 充电站的使用

1）接通 220V 电源，开关置于关闭档位，此时外部供电通道关闭，充电器不工作。

2）接通 220V 电源，开关置于外部供电档位，外部供电通道打开，电池型电量框点亮，内部风扇开始旋转，此时充电通道关闭。

3）智能电池开关先短按后长按开机，将电池接头分别接入充电口和均衡口，电池型电量进度条波浪式闪动，电量框显示为红色，内外风扇同时旋转，此时进入充电状态。

4）充电过程中，按启动按钮可退出充电模式：出现异常时，按启动按钮可退出异常。

5）在提示充满后，若提示充电状态为“一般 / 比较差”，在不急需使用的情况下，建议不要拔下电池，充电器会进一步均衡电池组，延长电池组的使用寿命。

6）电池满电存储，充电器会对电池组进行放电存储。电池放电存储时，当单只最小电池电压低于 3.85V 或电池组电压低于 46.2V 时，停止放电，单均衡会持续，直到电池完成均衡或被拔下。若电池组很不均衡，则会出现整组电池电压不到 46.2V，而充电器已报储存结束的现象，这种情况下，请不要拔下电池，充电器会进一步均衡电池组，持续时间会比较长。

2.4 地面站的使用

2.4.1 地面站软件简介

地面站软件的主要功能包括飞行地图显示、飞行航迹规划、无人机接管、无人机观察、农业喷洒控制等。通过 TTA 平台可实现 TTA 与飞控系统的无线通信，能够更好地控制系统，完成无人机植保作业。

2.4.2 安装启动

地面站软件的安装启动步骤如下。

1）访问官网（www.ttaviation.com），单击“服务支持”按钮，在“E6 飞控相关软件”中选择 TTA-2.3.6-stable.apk9 下载安装。

2）安装完成后，手机桌面会出现地面站 App，如图 2-20 所示。TTA-2.3.6-stable.apk 支持 Android 4.0 及以上系统。

图 2-20　TTA App 图标

3）打开地面站 App，进入启动页面。

4）单击“免登录进入”进入地图显示界面，如图 2-21 所示。

2.4.3 连接方式

连接方式有两种，一种是蓝牙连接，另一种是 A-USB OTG 数据线连接，如图 2-22

和图 2-23 所示。

图 2-21 地图显示页面

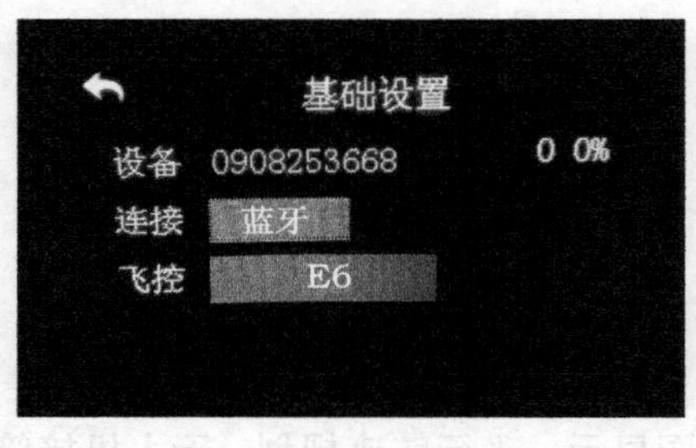

图 2-22 蓝牙连接显示

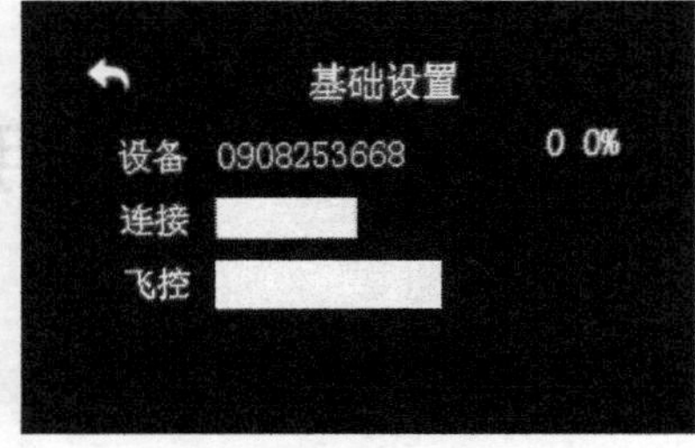

图 2-23 数据线连接显示

2.5 参数调整与校准

多旋翼植保无人机在使用前需要对部分模块进行校准操作，对相应的参数进行设置。通常来说植保无人机校准的内容包括遥控器校准、加速度计校准、磁罗盘校准、水泵电调校准和调试植保作业参数。

参数调整的注意事项如下：

1）参数调整界面中用户不可进行感度更改，如自行调整参数造成不必要的损失由本人承担。

2）调试前，遥控器不能解锁。

3）调试时，需依次完成所有调试操作并检查确认后才可退出。

4）所有调试完成后，无人机需重新上电后才能飞行。

连接无人机后才能打开调参页面进行相应调试，连接步骤如下：

1）数据线连接。

打开手机 OTG 功能，用数据线将手机接口与遥控器 USB 接口连接，单击 进入连接方式选择页面，选择 USB 连接，与无人机连接后 显示为绿色常亮，如图 2-24a 所示。

2）蓝牙连接。

打开手机“蓝牙”功能，同时将遥控器数传连接方式改为“蓝牙”并进行配对。单击 进入连接方式选择页面，选择 Bluetooth 连接，选择对应的设备号，与无人机连接后 显示为绿色常亮，如图 2-24b 所示。

3）无人机连接后，App 显示数据信息。

4）单击右上角 进入参数调整界面，如图 2-25 所示。

a）

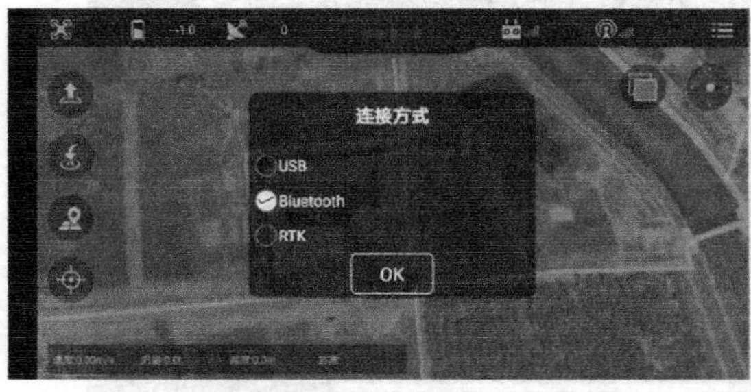

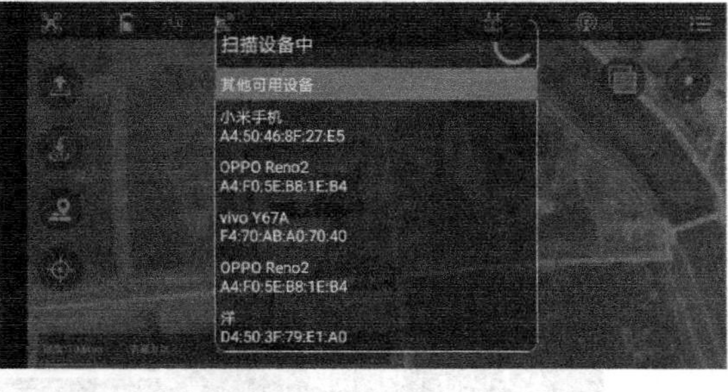

b）

图 2-24 地面站连接

a) 数据线连接 b) 蓝牙连接

图 2-25　地面站参数界面进入

2.5.1　遥控器校准

遥控器校准，单击“读取”按钮读取数据，如图 2-26 所示。校准过程如下：

1）开始校准，让植保无人机、地面站、遥控器通信。

2）左右摇杆处于中立位，打开地面站遥控器校准页面开始校准。

3）单击“摇杆校准”按钮，来回拨动摇杆到最大、最小值 4～5 次，（见图 2-27）。

4）将左右摇杆放于中立位结束校准，完成上序后单击“结束校准”按钮完成摇杆校准，此时可以拨动摇杆查看对应通道的状态条信息。

5）遥控器设置，设置遥控器通道正反方向，检查设置对错。

图 2-26　遥控器校准界面

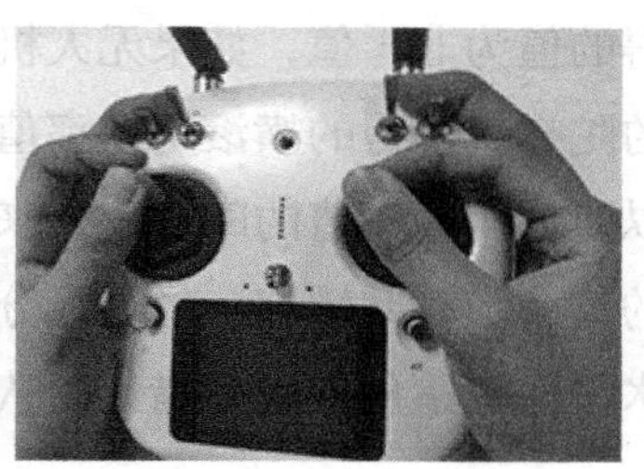
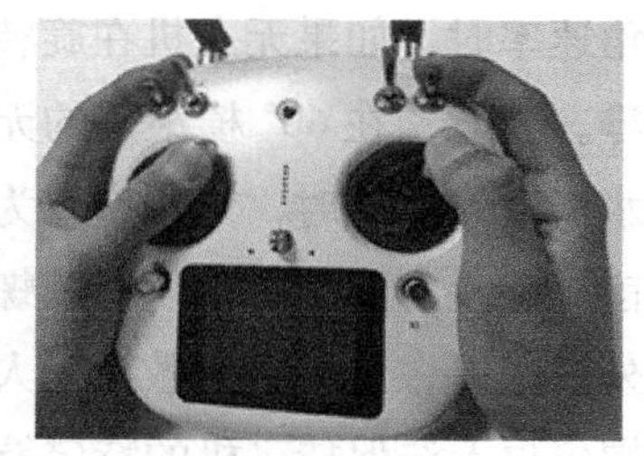
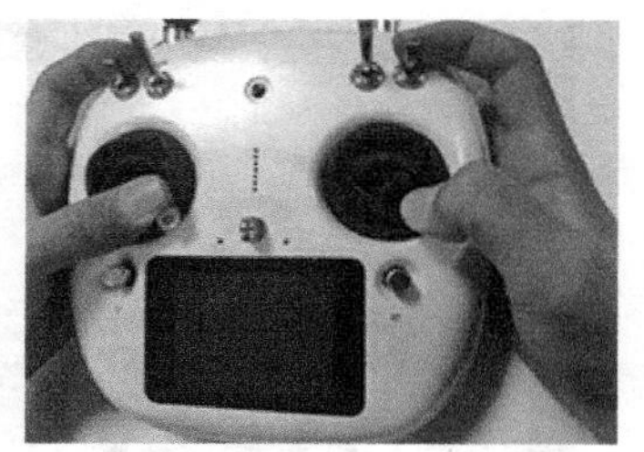
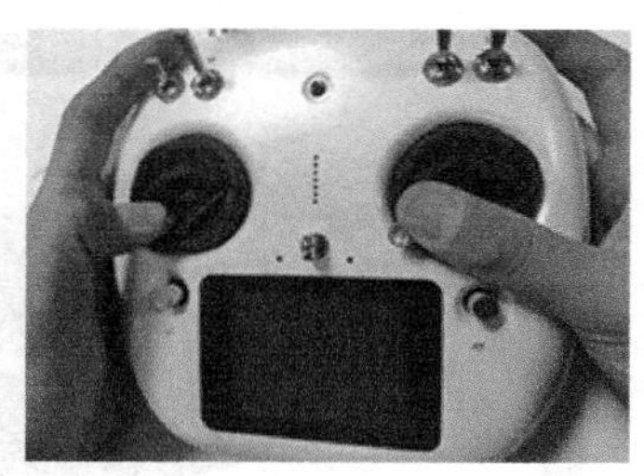

图 2-27 行程量校准

通过对植保无人机的遥控器校准，有助于解决无人机无法解锁的问题，避免出现遥控器舵位与实际舵位不符的现象、无人机动作与操作不符的现象，有助于提高遥控器操作时的准确性和可靠性。

遥控器校准注意事项：

1）选择相关的地面站软件，目前与产品相关的地面站软件大多以安卓为主，使用时注意检查地面站版本。

2）按要求给植保无人机供电，如果必须使用动力电源供电，那么请务必拆下所有桨叶后再使用动力电池供电。防止在校准过程中无人机意外解锁，出现安全事故。

2.5.2 加速度计校准

加速度计（Inertial Measurement Unit, IMU）一般是由三个单轴的加速度计和三个单轴的陀螺组成，是测量运载体线加速度的仪表。其中单轴加速度计测量线速度，单轴陀螺测量角速度，如图 2-28 所示。

加速度计用于测量加速度。借助一个三轴加速度计可以测得一个固定平台相对于地球表面的运动方向，但是一旦平台运动起来，情况就会变复杂。如果平台做自由落体运动，则加速度计测得的加速度值为零。如果平台朝某个方向做加速运动，则各个轴向的加速度值会含有重力产生的加速度，使得无法获得真正的加速度值。例如，安装在 60° 横滚角无人机上的三轴加速度计会测得 2g 的垂直加速度值，而事实上无人机相对地面是 60° 的倾角。因此，单独使用加速度计无法使无人机保持固定的航向。

陀螺仪（见图 2-29）测量机体围绕某个轴向的旋转角速率值。使用陀螺仪测量机体轴向的旋转角速率时，如果无人机在旋转，则测得的值为非零值，如果无人机不旋转，则测得的值为零。因此，在60°横滚角的无人机上的陀螺仪测得的横滚角速率值为零，同样在无人机做水平直线飞行时，角速率值为零。可以通过角速率值的时间积分来估计当前的横滚角度，前提是没有误差的累积。陀螺仪测量的值会随时间漂移，经过几分钟甚至几秒会累积出额外的误差，最终会导致对无人机相对水平面横滚角度完全错误的认知。因此，单独使用陀螺仪也无法保持飞机的特定航向。

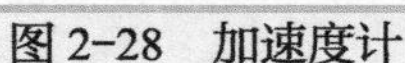

图2-28　加速度计

图2-29　陀螺仪

综上所述：加速度计在较长时间的测量值是正确的，而在较短时间内由于信号噪声的存在，会有误差。陀螺仪在较短时间内则比较准确，较长时间则会有漂移而存在误差。因此，需要两者相互调整来确保无人机飞行姿态的正确。

通过对加速度计校准有利于传感器的工作符合其技术指标，保证无人机飞行的稳定性。需要注意的是飞行机务必水平放置于水平地面，有利于相关模块的初始值设置。

加速度计的校准步骤如下：

1）单击⚙按钮进入传感器校准界面。如图2-30所示。

2）将无人机水平放置，单击“加速度计校准”按钮，指示灯红、绿、黄交替闪烁表示正在校准，指示灯绿色常亮表示校准完成，无人机重新上电保存数据。

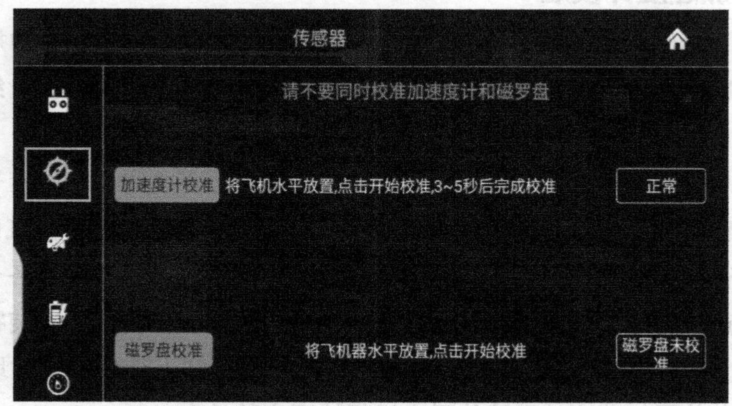

图2-30　传感器校准界面

2.5.3 磁罗盘校准

磁罗盘校准有助于缩小航向角的误差，保证飞行航向正确，有利于悬停平稳、飞行稳定。一般磁罗盘校准分为水平校准和垂直校准，在做水平校准或者垂直校准时，务必按产品要求角度、旋转方向进行校准，一般旋转方向为顺时针。场地选择在室外，远离金属物体。

两种进入磁罗盘校准模式的方法：

1）单击“磁罗盘校准”，进入校准状态。

2）遥控器的飞行模式通道 SA 来回拨动 4 次以上进入磁罗盘校准模式。

磁罗盘校准动作分解：

1）水平校准（见图 2-31a），双臂抱水平起飞机，开启磁罗盘校准，进行水平校准。顺时针旋转，旋转过程中保持身体在固定点上。

2）垂直校准（见图 2-31b），将水平的飞机竖起，顺时针旋转，进行垂直校准，垂直校准所站的位置尽量与水平校准一致。

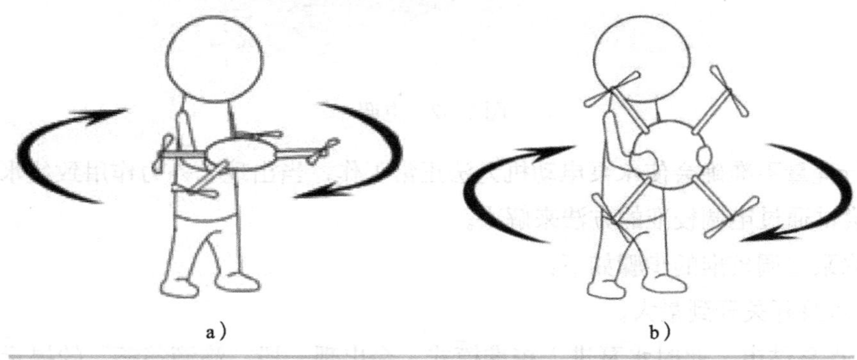

a） b）

图 2-31 磁罗盘校准

a) 水平校准 b) 垂直校准

磁罗盘的主要技术参数见表 2-5。

表 2-5 磁罗盘主要技术参数

航向测量范围	0° ～ 360°
倾角测量范围	0° ～ 180°
航向精度	≤ ±1.5°
倾角精度	≤ ±0.2°
稳定时间	≥ 30s

注意事项

1）飞行场地发生改变时需要进行磁罗盘校准。

2）校准场地应选择室外、空旷并且远离高压线塔等容易造成磁干扰的地方。

3）校准过程要缓慢，确保无人机横平竖直。

4）校准时必须顺时针转动。

2.5.4 水泵电调校准

电调是水泵里的一部分，它的作用是根据控制信号调节电动机的转速，以此控制喷洒量。校准水泵电调可使其行程量符合技术标准。

电调全称电子调速器（Electronic Speed Control，ESC），根据电动机的不同，可分为有刷电调和无刷电调，如图 2-32 所示。它根据控制信号调节电动机的转速。

图 2-32 电调

电调行程量不准确会使水泵电动机无法正常工作，当出现非外力作用致使水泵不工作时，可以尝试通过电调校准的方法来解决。

进行水泵电调校准的步骤如下：

1）将水泵开关开到最大。

2）给水泵供电，此时水泵进入校准模式，会出现一段“滴滴答答”的提示音（不同的电调声音有差别）。

3）提示音结束后，将开关关至最小，同样出现提示音。

4）声音结束后断电。再次上电，校准结束。

2.5.5 作业参数调整

作业参数包括基础感度和控制感度。

以 M6E-1P 无人机为例（见图 2-33），基础感度表示无人机横滚、俯仰的灵敏度。设置范围从 1% ～ 1000%，默认值为 50%。该值越大，无人机越灵敏，响应越快速，但过大容易出现高频颤动；该值过小会导致无人机的稳定性和操纵感变差。

控制感度主要用于调节控制手感，范围从 1% ～ 500%，默认值为 100%。控制感度越大，响应越快，但感度太高会导致姿态控制过于僵硬，感度太低会导致姿态控制过于柔和，建议较小的机架使用较大的控制感度，较大的机架使用较小的控制感度，以获得更好的飞行体验。初始值为 100%，建议每次增加或减小 10% 左右的感度，以达到用户想要的飞行手感。

图 2-33　感度参数界面

2.5.6　飞行参数调整

1）单击按钮进入飞行参数界面。

2）进入后单击读取按钮获取当前飞行参数。

3）调整完毕后单击保存按钮进行数据保存。

出厂设置的返航高度为 10 米，AB 作业模式的横幅为 4 米、航线速度为 6 米，航线作业模式的航线速度为 5 米，如图 2-34 所示。

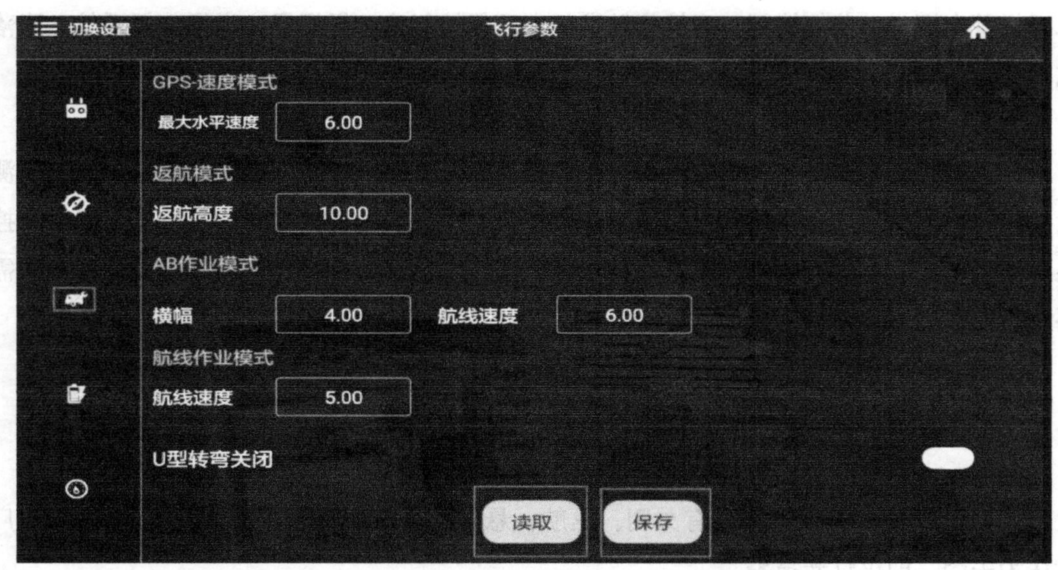

图 2-34　飞行参数界面

2.5.7 低电压保护

飞控提供 5 种低压保护的触发行为，包括关闭、返航、降落、悬停和悬停后降落，用户可以根据需求进行设置选择，如图 2-35 所示。出厂默认设置为降落。

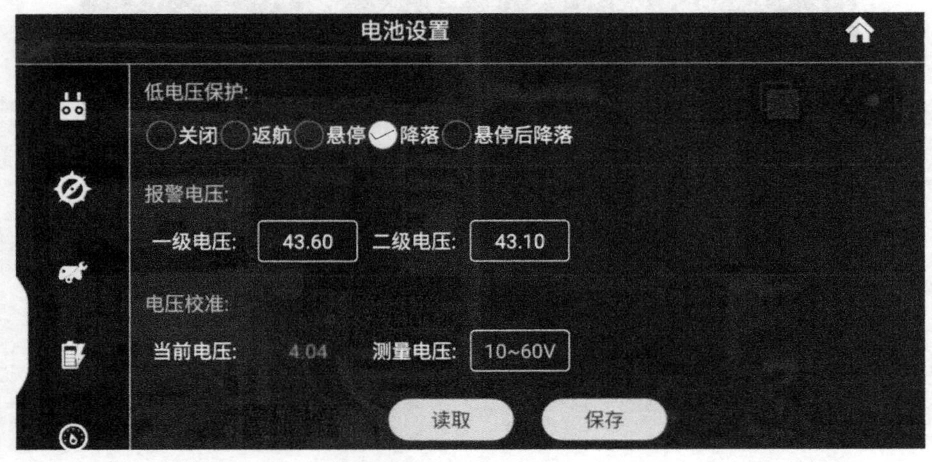

图 2-35　电池设置界面

1．报警电压设置

设置一级报警电压和二级报警电压的数值。推荐设置一级报警电压为 43.6V，二级报警电压为 43.1V。

当飞控检测电池电压达到一级报警电压时，飞控 LED 黄灯闪烁 3 次；当检测电压达到二级报警电压时，黄灯快闪，飞控将触发低电压保护行为，根据用户设置选择返航、降落或只灯光报警。

2．电压校准设置

当飞控检测电压与电池实际电压不一致时，需要对飞控测量电压进行校准。需要在“测量电压”一栏输入电池实际的电压值，单击“保存”按钮对飞控电压进行校准。确保飞控显示的当前电压与实际的电池电压保持一致。出厂时已经校准完毕，用户长时间使用后需要自行校准。

2.5.8 水泵和断药保护

1．断药保护行为

可以设置的断药保护行为有关闭、返航、悬停和悬停后降落，如图 2-36 所示。出厂默认为关闭，即仅灯光报警。

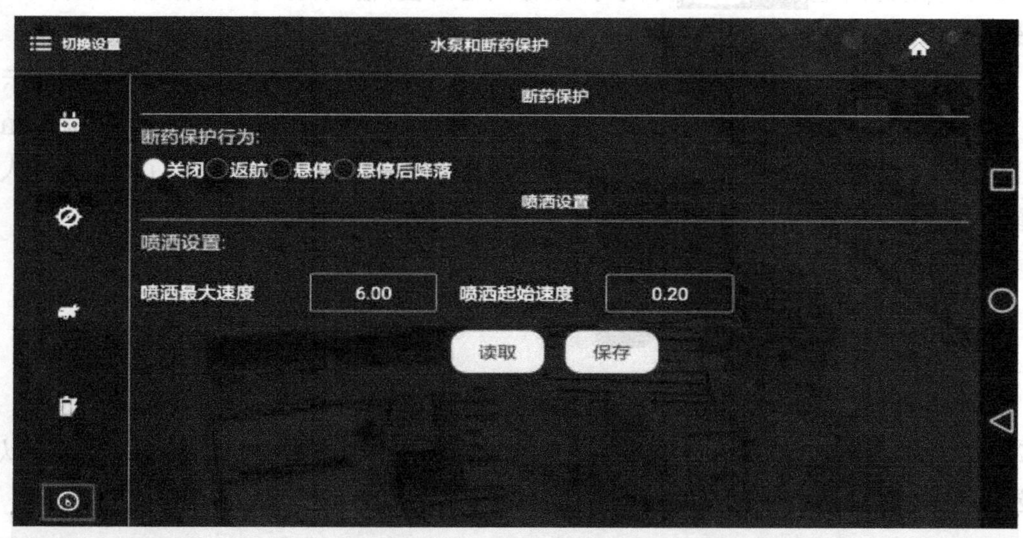

图 2-36 喷洒系统设置界面

2．喷洒设置

水泵联动控制，水泵流速最大时对应的最大飞行速度。出厂默认的喷洒最大速度为6m/s，喷洒起始速度为0.2m/s。

2.5.9 “关于”界面

单击按钮进入“关于”界面（见图 2-37），显示飞控版本、飞控序列号、累计飞行时间、地图选择、语音提示、解锁秘钥、应用振动等。

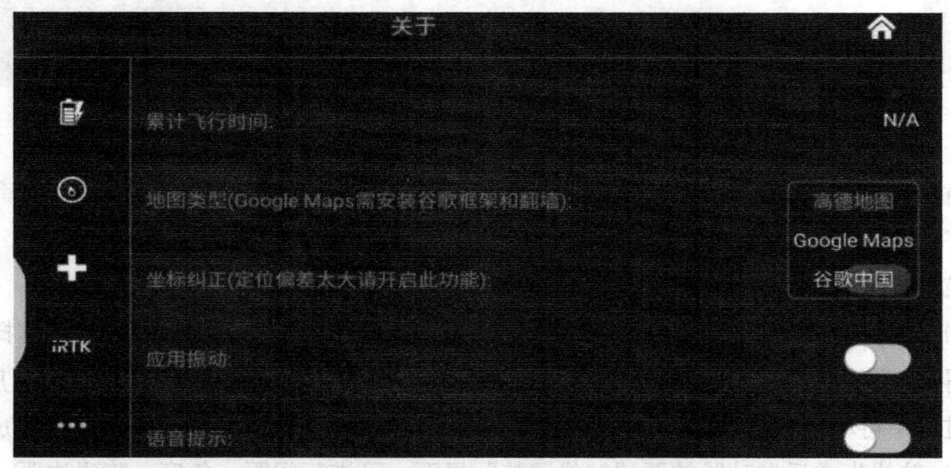

图 2-37 系统设置部分界面示意

1）地图类型，单击谷歌中国的下拉箭头，可以选择高德地图、谷歌中国等。

2）解锁秘钥，单击 N/A 开关，弹出输入密码栏，输入初始密码，解锁时会弹出“输入密码”栏，输入后可正常解锁飞行。

3）应用振动，单击应用振动后方的开关，打开后 App 播报时会带有振动提示。

植保无人机的校准是使用的基础，掌握植保无人机相关的校准常识，有助于保障植保作业的安全和顺利进行，有助于植保无人机的用后保养，延长使用寿命。了解植保无人机的参数设置和调试，有利于操作者更好地掌握操控感度，提高人机结合效率。

2.6 航线规划

添加航线时可选择的选点模式有地图选点、飞行器选点、打点器选点和手机测亩，如图 2-38 所示。地图选点、飞行器选点和打点器选点的航线规划操作基本相同，本节以地图选点的操作为例进行讲解。

图 2-38 选点模式

首先单击按钮，再单击“新建”按钮添加飞行航线，然后选择“地图选点”命令，弹出“航线规划”界面，可进行航线规划。

航线规划的操作步骤如下：

1）选择“添加作业区”命令，在地图上标注地块边界范围，规划完成后，选择“添加障碍物 1”命令对作业区域内的障碍物进行标定，可添加多个障碍物，如图 2-39 所示。规划过程中可单击“撤销航点”按钮对单个航点进行撤销。完成编辑后进行航线生成。

2）航线生成后自动跳转至“航线调整”界面，可进行间距、角度、障碍边距、作业边距调节及航线平移，如图 2-40 所示。按作业需求设定好后进行任务保存，自动保存在本地，再次作业时可使用。

图 2-39　添加障碍物

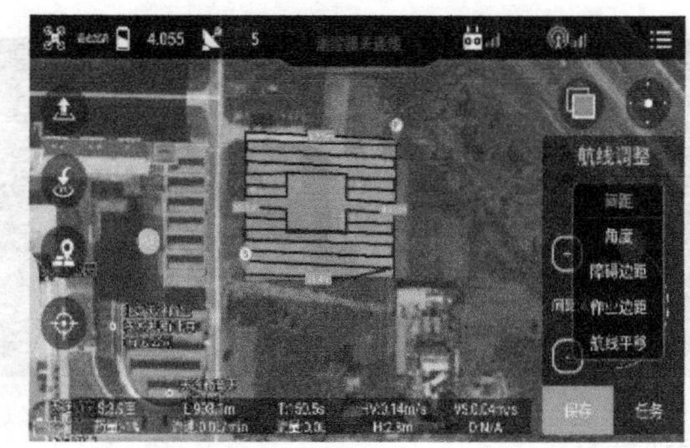

图 2-40　航线调整

3）保存后进行航线任务上传，若选择“地块”进行上传，无人机将按照所规划的航线任务进行作业；若选择“扫边”进行上传，无人机将按照所规划航线的边界进行作业，完成自动扫边任务，如图 2-41 所示。

图 2-41　航线任务上传

4）执行全自主作业时有两种方法进入航线。操作步骤如下：

①自动起飞。单击界面上的按钮，界面上会弹出“请确认是否自动起飞”对话框并提示“向右滑动起飞”，滑动后可开启航线任务，执行作业，如图 2-42 所示。

②手动起飞。通过遥控器控制无人机起飞后开启航线任务，执行作业任务，如图 2-43 所示。

5)无人机执行航线任务的过程中可通过遥控器对“方向”“油门”进行控制，还可控制“副翼”来躲避障碍物。

此外，还可以设置无人机的禁飞区域，如图 2-44 所示，操作步骤如下：

①单击按钮，选择“地图选点”命令进入航线规划界面，选择“添加禁飞区”命令。

②在地图上任意添加两点，以此两点之间的距离为直径形成圆形禁飞区域，保存禁飞区域后，禁飞区生效。当无人机接触并飞入禁飞区域时，会执行强制返航。

③如要取消禁飞区域，需在连接无人机后选择“删除禁飞区”命令。

图 2-42　自动起飞

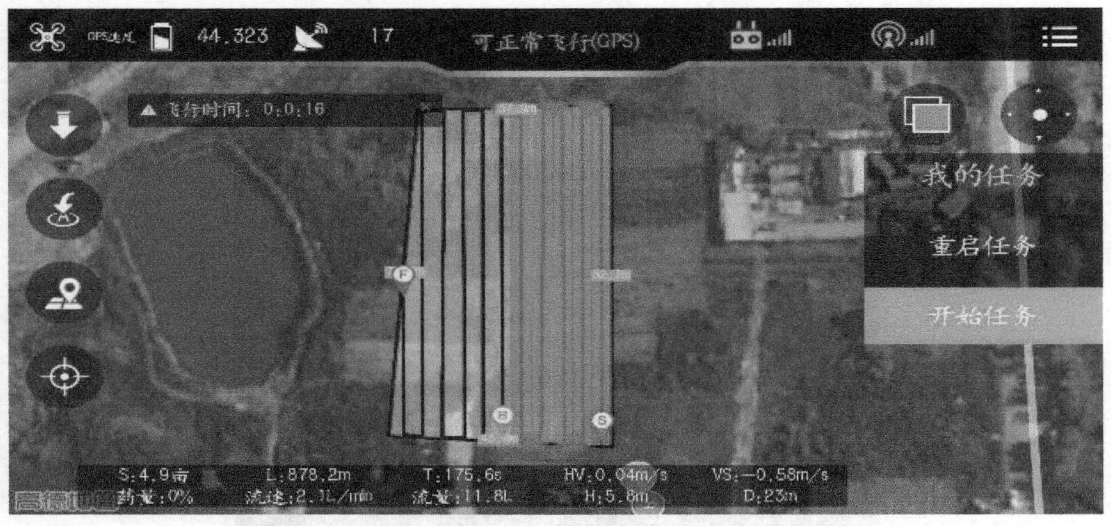

图 2-43　手动起飞

图 2-44　保存 / 删除禁飞区

2.7　全自动 AB 点喷洒

2.7.1　操作步骤

1．GPS搜星

首先进行无人机的 GPS 搜星，在星数达到 15 颗后，将 SA 开关拨至 GPS 模式档。将 SD 开关拨至最下档清除状态，解锁起飞。

2．设置A、B标识点

1）无人机飞至 A 点悬停，将 SD 开关拨至中间档记录 A 点。

2）无人机飞至 B 点悬停，将 SD 开关拨至最上档记录 B 点。

3．喷洒作业中遥控操作

1）将 SA 开关拨至 AB 模式档，无人机将自动调整机头方向对准 AB 线。

2）根据切换 AB 模式时的位置，无人机自动飞至离其最近的 A 点或者 B 点右侧的一垄处。

3）按照 A、B 点设定的前后距离和垄宽，无人机将自动向右侧移，执行喷洒任务，如图 2-45 所示。

4）通过遥控器副翼杆可以开启左右飞行命令，向左 / 右打杆松开后，无人机即可开启向左 / 右的自主飞行。

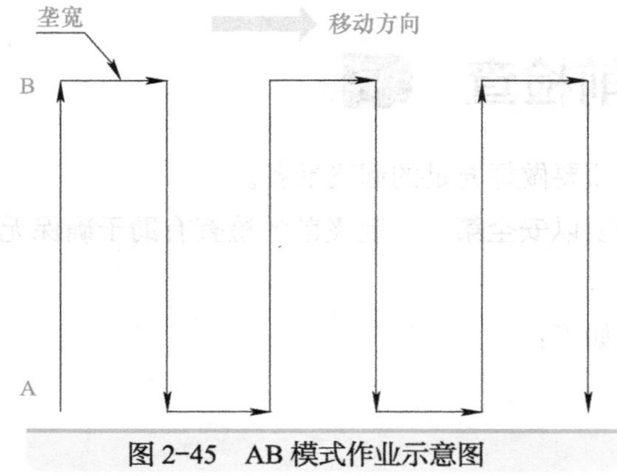

图 2-45　AB 模式作业示意图

2.7.2 喷洒过程中的手动干预

1）通过遥控器摇杆控制无人机的前后左右移动，如图 2-46 所示。

2）推拉升降杆，控制无人机的前后移动，且不受限制节点的限制。如果推拉摇杆的动作方向与飞行方向相同，则无人机将随推拉摇杆的速度继续向前或向后飞行；如果推拉摇杆的动作方向与飞行方向相反，无人机则先停止向前或向后飞行，再随推拉摇杆的速度反向飞行，松开摇杆后自动侧移，如图 2-47 所示。

3）推拉副翼杆，控制无人机左右移动。无人机跟随摇杆方向进行速度控制，松开摇杆后继续回复到原始侧向航线上，同时前后向飞行状态保持不变。

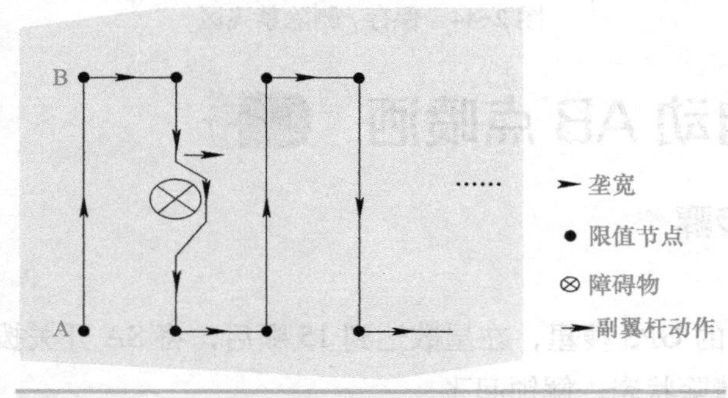

图 2-46 操作示意图 1

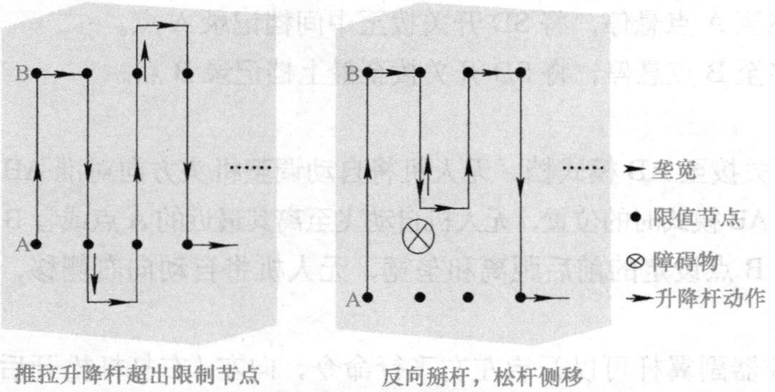

推拉升降杆超出限制节点

反向掰杆，松杆侧移

图 2-47 操作示意图 2

2.8 起飞前检查 

无人机起飞前，必须要做好充足的起飞准备。

植保无人机的飞行要以安全第一，起飞前的检查有助于确保无人机安全起飞，顺利完成任务和稳定降落。

检查的内容和步骤如下：

1. 遥控器检查

遥控器检查包括：

1）遥控器外观检查（见图 2-48）。

图 2-48 天途植保遥控器外观

2）检查遥控器是否能正常开关机，天线是否有损坏，所有开关有无丢失或损坏（见图 2-49）。

2. 机身检查

机身检查包括：

1）整机外观检查。

2）机身紧固件检查。

3）机臂处要连接紧固可靠、脚架连接紧密。

4）电动机座、电动机、螺旋桨都正常紧固地连接。

3. 飞行前检查

飞行前检查包括：

1）检查遥控器与无人机传输正常。

2）连接地面站软件，检查无人机参数。

3）地面检查，给无人机上动力电，通过遥控测试混舵，检查电动机的转向和螺旋桨的正反。

4）飞行检查，起飞、悬停、前移、后移、左移、右移、偏航、降落，如图 2-50 所示。

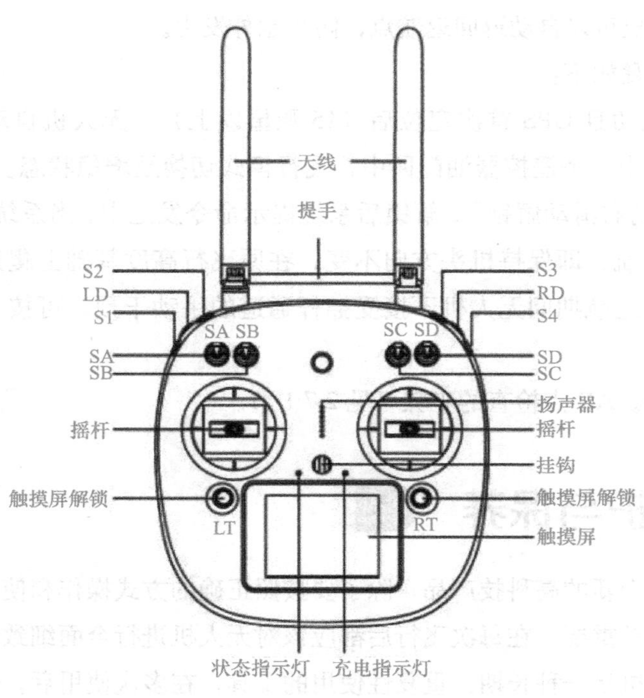

图 2-49 遥控器检查

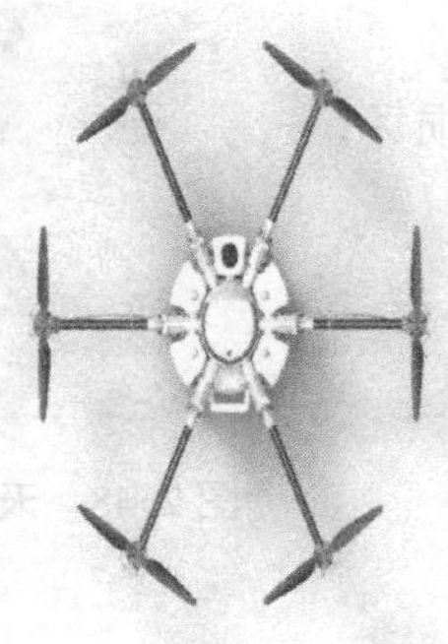

图 2-50　飞行检查

4．功能检查

功能检查包括：

1）一键起飞。遥控器油门回中，飞行模式切换至增稳状态按住“一键起飞”按钮，系统弹出“向右滑动解锁”，解锁后系统提示命令发送中，当系统提示发送成功后，无人机起飞并飞至 3 米高处悬停。

2）一键降落。遥控器油门回中，飞行模式切换至增稳状态。按住“一键降落”按钮，系统弹出“向右滑动解锁”，解锁后系统提示命令发送中，当系统提示发送成功后，无人机缓慢降落至地面。

3）一键返航。若无人机起飞前成功记录了返航点，那么当遥控器与无人机之间失去通信信号时，无人机可以自动返回返航点，防止意外发生。

一键返航的步骤如下：

遥控器解锁成功且 GPS 首次定位后（15 颗星以上），无人机自动记录当前位置为返航点。飞行过程中，将遥控器油门回中，飞行模式切换至增稳状态。按住“一键返航”按钮，系统弹出“向右滑动解锁”，解锁后系统提示命令发送中，当系统提示发送成功后，无人机开启自动返航，即保持机头方向不变，在原飞行高度基础上爬升 5 米后，直线返回返航点并悬停。返航期间无人机不接受摇杆通道的手动干预，可按“一键降落”按钮降落无人机。

4）AB 点检查。AB 点检查的步骤可见 2.7.1 节。

2.9　维护与保养

无人机作为一个新的高科技产品，除了要按照正确的方式操作和使用以外，日常的维护保养和检查也至关重要，在每次飞行后都应该对无人机进行全面细致的检查，及时发现并处理隐患。无人机是一种长期、重复性使用的工具，在多次使用后，一些重要设备容易出现问题，需要定期检修，避免因长时间使用而造成损坏。

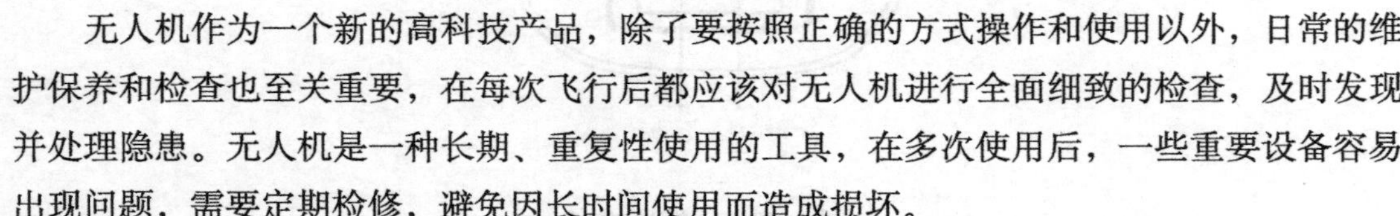

2.9.1 整机结构检查与保养

主要包括机身主体的清洁工作，如对电源线、机身板、机臂、电动机、连接件的清洁工作。对电动机进行清洁时请勿用水、带腐蚀性清洁剂等清洗，防止将线圈腐蚀而导致短路。还需检查整机上所有的固定螺钉是否有松脱等现象；检查无人机接线插头的状态，有无老化、松动、虚连等情况。

作业期间必须每天清洁，非作业期间可每周清洁一次。

1．机臂部件保养

电动机机座（见图 2–51）：

检查是否有裂纹、松动、变形，长时间使用需注意农药腐蚀情况，如有破损现象应禁止使用。

管夹组件（见图 2–52）：

管夹组件作为机臂与机身连接的主要结构件，其结构强度至关重要，长时间使用后应着重检查此结构件是否出现裂纹、破损情况，出现上述情况时需及时更换。

机臂管（见图 2–53）：

保持干净，检查有无裂痕、破损等，每日作业完毕后，可使用肥皂水清洗，清洗后使用干毛巾擦拭干净即可。

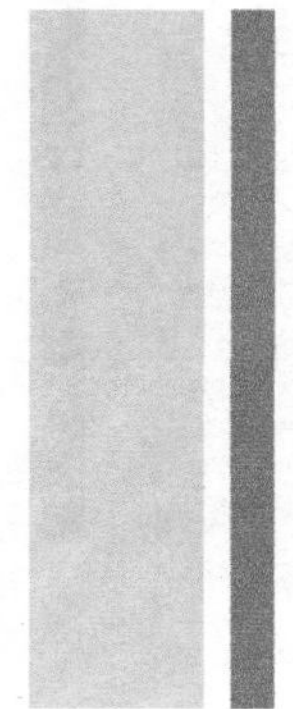

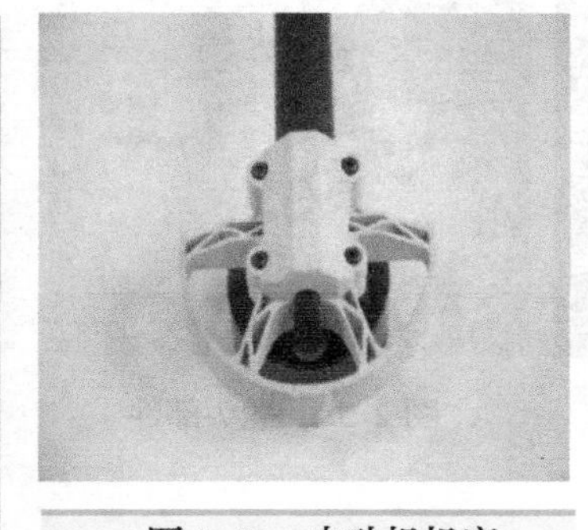

图 2–51 电动机机座

图 2–52 管夹组件

图 2–53 机臂管

航向灯与插头（见图 2–55）：

在清洗机臂的过程中，注意 3（红色）、6（绿色）号机臂上的航向灯（见图 2–54），防止药液进入其中而出现短路现象。电动机、航向灯插头在长时间使用后出现松动、线路破损等情况时应及时处理更换，插头松动可将 MT60 公头（见图 2–55）的金属触点扩大。

2．机身组件、脚架组件维护保养

脚架组件（见图 2–56）：

脚架在安装使用时需确保安装紧固，将药箱与机身紧密连接，作业完成后可将脚架拆卸下来进行清洗。

机身组件（见图 2–57）：

机身组件部分拆解后为单一模块，此部分不建议使用高压水枪、水中浸泡等方式清洗，可以使用湿毛巾擦拭，将上下表面污垢、农药残留擦拭干净即可，应保持此部件干净整洁，防止药液腐蚀。

插头部分（见图 2-58）：

机身组件上有电源插头，经过长时间使用后会有磨损现象，如发现插头焊接处、线缆表皮破损、虚接、断裂等情况，应该及时更换线束与插头，防止在飞行中电流较高而出现融头、短路等情况。

图 2-54　航向灯

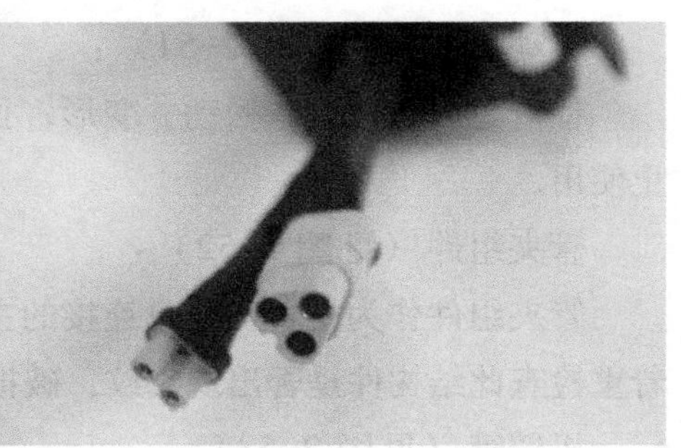

图 2-55　MT60 公头

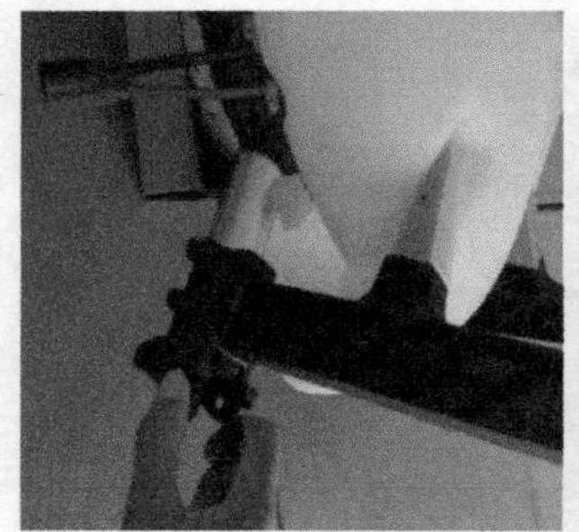

图 2-56　脚架组件

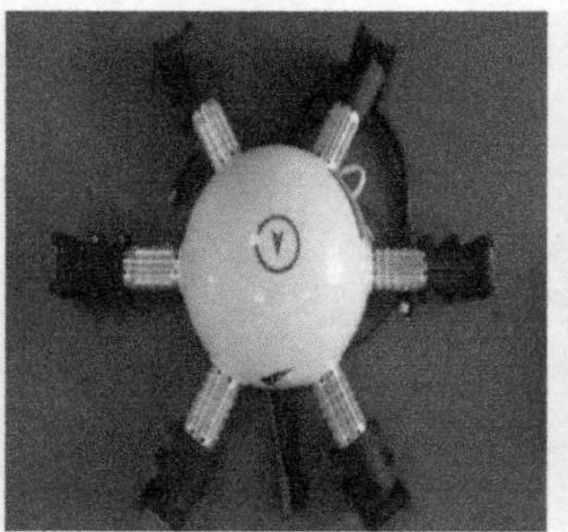

图 2-57　机身组件

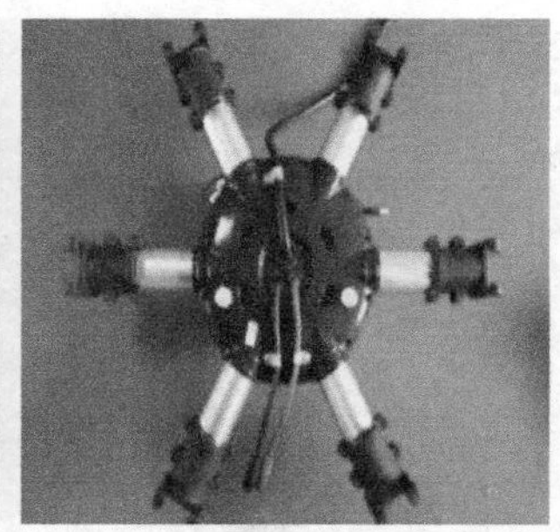

图 2-58　插头部件

2.9.2　动力系统检查与保养

当无人机飞行 100 架次时需要对整机的动力系统进行检查，着重检查线路老化、结构件磨损等情况。

螺旋桨（见图 2-59）：

作业完成后需及时将螺旋桨表面清洗干净，螺旋桨安装时注意折叠处螺钉的松紧度，太紧或者太松都会导致飞行中机身出现抖动，表面破损、有裂纹的螺旋桨会影响飞行安全，需及时更换。

电动机（见图 2-60）：

因为农药具有较高的腐蚀性且植保无人机应用环境相对比较潮湿，会导致电动机内部的线圈老化、腐蚀，金属部分出现锈蚀等现象。长时间使用时内部轴承还可能会出现较大间隙而导致电动机出现旷量，所以在使用后需及时将电动机上的农药残留擦拭干净，保持干燥状态，框量较大时需及时更换电机或者内部轴承。

电调（见图 2-61）：

M6E-1P 秉承模块化、精简设计的思路，将电调与整个机身延伸出来的机臂融合在了一起，即 M6E-1P 的银白色部件。因为电调工作过程中需要散发热量，图中标示部分即为散热槽，此处在长时间作业后会积累污垢，影响散热效果，导致电调过热，严重时会出现烧毁现象，所以此处应该及时清理，保证散热正常。在清洗时严禁使用高压水枪、浸泡等方式，防止其内部进水导致电调短路而出现烧毁现象。

充电站与电池（见图 2-62）：

主要包括确保电池电压正常，延长电池的使用次数，保证飞行时间与安全。

作业期间使用电池需要每块电池单独检查，非作业期间建议每3个月进行一次充电循环。

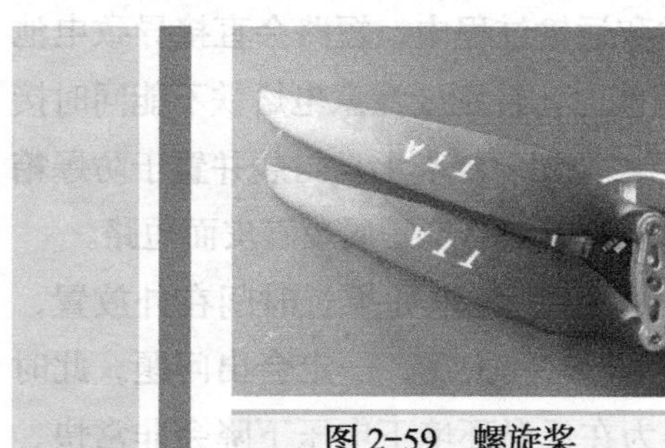

图 2-59 螺旋桨

图 2-60 电动机

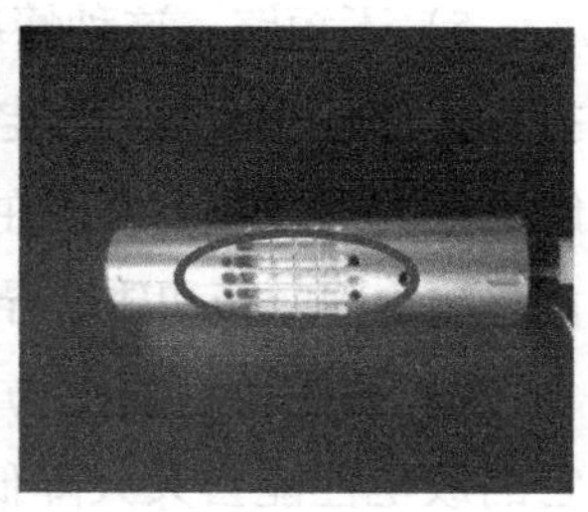

图 2-61 电调

图 2-62 充电站及电池

1）不过放：电池一旦降至 3.65V，电压下降速度就会加快，控制不好就会导致过放，锂电池会膨胀，轻则损伤电池，重则电压太低造成炸机。

2）不过充：使用标配充电器，充电时一定要按照电池规定的充电 C 数（1C 表示电池一小时完全放电的电流强度）或更低的 C 数进行充电，不可超过规定的充电电流，充满后不得长时间续充。

3）不满电保存：充满电的电池，不能满电保存超过 3 天，如果超过一个星期不放电，有些电池就直接鼓包了，有些电池可能暂时不会鼓，但几次满电保存后，电池可能会直接报废。因此，正确的方式是，接到飞行任务后再充电，电池使用后如在 3 天内没有飞行任务，请将单片电压充至 3.80 ～ 3.85V 保存。如果充好电后因各种原因没有飞行，也要在充满后 3 天内把电池放电到 3.80 ～ 3.85V 保存。如果在三个月内没有使用电池，需要将电池充放电一次后继续保存，可延长电池寿命。电池应放置在阴凉的环境下贮存，长期存放电池时，最好能放在密封袋中或密封的防爆箱内，建议环境温度为 10 ～ 25℃，且干燥、无腐蚀性气体。

4）不损坏外皮：电池的外皮是防止电池爆炸和漏液起火的重要结构，锂电池的铝塑外皮破损将会直接导致电池起火或爆炸。电池要轻拿轻放，在无人机上固定电池时扎带要束紧。因为在做大动态飞行或摔机时，电池可能会由于扎带不紧而甩出，很容易造成电池外皮的破损。

5）不短路：这种情况往往发生在电池的焊线维护和运输过程中，短路会直接导致电池打火或者起火爆炸。当电池出现断线的情况需要重新焊线时，特别要注意电烙铁不能同时接触电池的正极和负极。在运输电池的过程中，最好每个电池都单独套上自封袋并置于防爆箱内，防止因颠簸和碰撞导致某片电池的正极和负极同时碰到其他导电物质或破皮而短路。

6）不着凉：在北方或高海拔地区常会有低温天气出现，电池如果长时间在外放置，它的放电性能会大大降低，如果还要以常温状态时的飞行时间去飞，一定会出问题。此时应将报警电压升高（如单片报警电压调至 3.8V），因为在低温环境下电压下降会非常快。还要给电池做保温处理，在起飞之前电池要保存在温暖的环境中，比如房屋内、车内、保温箱内等。要起飞时快速安装电池，并执行飞行任务。在低温飞行时尽量将时间缩短到常温状态的一半，以保证安全飞行。

2.9.3 喷洒系统检查与保养

无人机的喷洒作业如图 2-63 所示。

图 2-63 天途 M6E-1P 无人机飞防作业

1．药箱

在喷洒完农药后，药箱内部有农药残留，应及时清理干净，防止下次作业时与其他药物产生化学反应从而产生药害。此外，如果不及时清洗干净还会导致内部腐蚀，损坏内部部件。

清洗方法如下：

第一步，将内部残留药液倒出后使用肥皂水将内部清洗干净，如果内部有杂物，应及时将其取出（下方水桶盖可以拆卸），防止堵塞管路、水泵、喷头等。

第二步，用湿毛巾擦拭水箱外表（污垢严重时刻使用毛刷，在清洗外表时注意水泵不要淋水，防止内部短路）。

2．水泵

因为水泵（见图 2-64）在水箱外端悬挂，所以在作业时会有农药喷洒在其表面，如果不及时清理，则药液有可能将其腐蚀，内部也有可能进入药液，从而导致内部电子元器件损坏，所以每日作业后应及时将水泵外表污垢与农药残留清理干净。

作业完毕后，水泵内部会有残留农药，需要用清水将其内部农药冲刷干净（往药箱内灌入清水，将水泵开启，使清水从水泵中流过），如果作业时水泵运转不顺畅，则其内部有可能进入杂质，可将水泵上的螺钉拧开，将其内部波轮处的杂质取出。

3．喷头

喷头（见图 2-65）：

在喷洒作业时如果出现雾化效果不佳、喷不出药液等情况，首先要排查的部分就是喷头。

排查保养步骤如下：

第一步，将喷头帽拧开后，内部会有喷嘴、喷头滤网、橡胶垫，检查这些部件上是否有杂质，如果有则使用清水将其清洗干净。

第二步，检查喷嘴内部管路与软管连接处是否堵塞，保持管路畅通。

第三步，每日作业后建议将喷头上的所有部件拆解下来，清洗干净后再安装回去，防止残余药液凝固，影响下次作业的喷洒效果。

4．流量计与软管

流量计与软管（见图 2-66)：

因为软管与流量计是长时间与农药接触的部件（易损件），所以老化、损坏的频率会相对较高。为了延长使用寿命，防止残余农药进一步腐蚀，作业后的及时清洗就尤为重要。如果出现管路老化、漏液等现象，则应该及时更换。

图 2-64　水泵

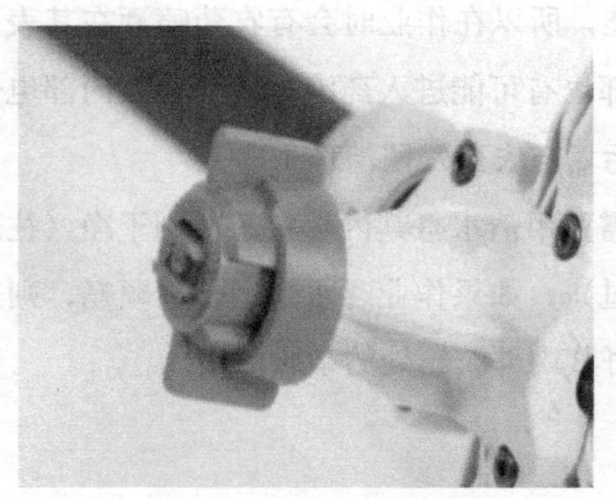

图 2-65　喷头

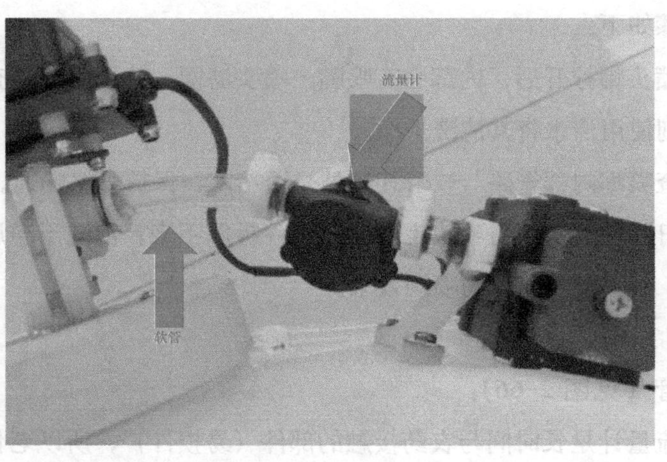

图 2-66　流量计与软管

第3章 植保旋翼无人机的作业解析

3.1 产品资质规范

3.1.1 产品标准

产品结构、规格、质量和检验方法所做的技术规定称为产品标准。产品标准按其适用范围分别由国家、部门和企业制定。它是一定时期和一定范围内具有约束力的产品技术准则，是产品生产、质量检验、选购验收、使用维护和洽谈贸易的技术依据。

产品质量应当检验合格。所谓合格是指产品的质量状况符合标准中规定的具体指标。我国现行的标准分为国家标准、行业标准、地方标准和经备案的企业标准。凡有强制性国家标准、行业标准的，必须符合该标准；没有强制性国家标准、行业标准的，允许适用其他标准，但必须符合保障人体健康及人身、财产安全的要求。

通常产品标准包括：产品的术语、符号、分类与命名、要求、试验方法和质量评定程序、标志、包装、运输、储存等内容。任何单位或个人未取得《生产许可证》（见图 3–1）不可生产民用航空器。

图 3–1　生产许可证

3.1.2 型号合格证

任何单位或个人设计民用航空器，应向民航局申请《型号合格证》（见图 3–2）。

适航许可：

航空器适航证（Airworthiness Certificate）是由适航当局根据民用航空器产品和零件合格审定的规定对民用航空器颁发的证明该航空器处于安全可用状态的证件。适航证分为标准适航证和限制适航证。只拥有临时国籍证的航空器不能申请适航证，但可以申请特许飞行证。

图 3–2　型号合格证

3.1.3 实名认证

根据《民用无人驾驶航空器实名制登记管理规定》，为加强民用无人驾驶航空器（简称民用无人机）的管理，对民用无人机拥有者实施实名制登记。

3.2 植保团队组建指导

3.2.1 行业现状与问题

几年的时间，无人机植保从“市场眼中的不可能”到“这事儿可行”，从“庞大的植保蛋糕市场”到“发展的困难重重”……植保无人机行业有发展的利好因素，也有很多限制性因素，它在市场的质疑与认可、否定与肯定、问题与破局中逐渐成长着。

从植保无人机行业的技术和产品角度来看，各个公司的背景和技术不同，选择的发展战略是不同的。在销售、售后方面，各公司建立的体系也各有不同。但是，无论什么体系，都需要做好技术培训和售后服务。植保无人机的标准化作业、维护保养要求、无人机与操作者之间的关系等都是全新的概念，不具备这些管理理念和售后服务意识是很难做成体系的。

因此，在进入植保无人机行业的前期一定要对无人机产品进行正确的认识，对所购买机型的性能、优势、不足等做全面评估。

由于植保无人机行业发展较快，行业配套仍不完备，具体表现在：

1）人才不完善，目前懂药剂的植保人员不懂无人机，懂无人机的技术人员不了解植保知识。

2）缺少专门的航空制剂和航空助剂。

3）缺少对农药制剂飞防药效测试的标准办法。

4）农药混合、稀释比例缺乏依据。

5）植保作业仅以杀菌剂、杀虫剂喷施为主。

6）无人机自身平台的稳定性有待进一步提升。

7）售后维护保养体系有待进一步健全。

8）土地集约化进程需要进一步完善，目前国内大多农村土地的现状是相对分散的，存在树木、电线、沟渠等障碍物，作业环境较为复杂，大面积规模化应用存在一定困难。

3.2.2 人员组建

在整个无人机植保过程中，无人机只是作业的工具和平台，操作人员才是第一要素。以操作一架植保无人机为例，主要操作人员配备包括 1 名飞手、1 名地勤、1 名观察手、业务人员等（团队较大时需要配备专门的业务人员，团队较小时业务人员可由操作人员共同担任，以节约人员成本）。

1）业务人员：前期作业任务的承接、与农户的协调工作、后期费用结算等（作业时可辅助操作人员）。

2）飞手：确保无人机的安全并对农户负责，保证作业效率与作业质量。

3）地勤人员：主要为飞手提供强有力的后勤支援。

4）观察手：观察手与飞手的配合直接关系到无人机飞行的安全，观察手需在飞手目力达不到的地方时刻报告无人机飞行状态与飞行位置，避开障碍物的同时保证喷洒作业的覆盖面积。

3.2.3 设备需求

人员组建完成后在只有无人机的情况下就去作业是不合理的，还需要一些设备工具来为飞防作业提供便利条件，提高作业效率。

建议配备的设备如下：

1）一般采用2架无人机配1架备用机，防止作业过程中“炸机”而耽误农户农药喷洒的时效性，或在作业面积过多的情况下启用备用无人机同时作业。

2）随行车辆、转场设备（乘载人员与无人机设备）。

3）梯子（作物比较高时需要使用）。

4）常备工具（螺钉旋具、万用表、钳子、剥线钳、剪刀、电烙铁等）。

5）通信器材（团队内部人员及时交流）。

6）配药桶、过滤器材等加药设备。

7）无人机常用备件（螺旋桨、各紧固件、易损部件、螺钉等，在作业过程中有故障后能及时修理）。

8）一架无人机建议配备6～8组电池，1台充电站，1台发电机。

9）防护用品（眼镜、口罩、工作服、帽子）。

10）准备好不同类型的喷头，用来应付不同类型的药剂。

11）清洁用品（保养无人机时使用）。

3.2.4 实践作业培训

随着无人机智能程度的不断提高，在飞行培训上节省了大量的时间，但是在整个无人机植保的过程中，无人机只是作业的工具和平台。目前植保无人机发展到了能够实现全自主飞行、自主避障的程度，自动化程度越高应用就越方便，但是自动化也是需要人员来操控的，操作手的安全意识和责任感还是不能放松。所以现阶段对操作人员的专业培训非常重要，培训内容包括：产品知识培训、植保知识培训、植保驾驶技能培训、无人机维护与保养培训。对于植保无人机这个尚不成熟的产业来说，在真正的智能化到来之前，每个企业都在努力着，不管是为了商业利益还是带着农业情怀，都期望更智能的植保无人机能够出现。

3.3 作业规范

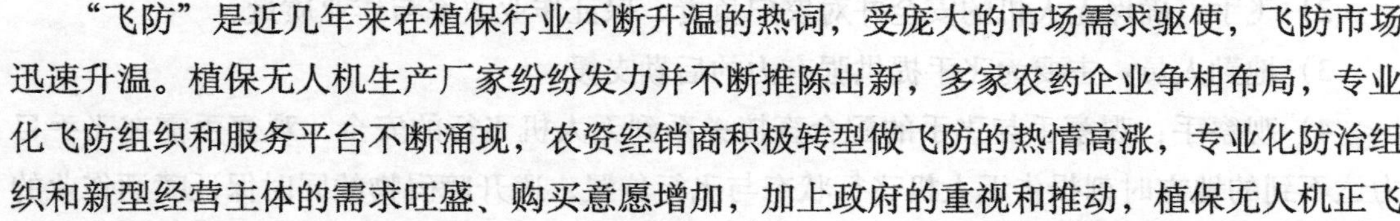

“飞防”是近几年来在植保行业不断升温的热词，受庞大的市场需求驱使，飞防市场迅速升温。植保无人机生产厂家纷纷发力并不断推陈出新，多家农药企业争相布局，专业化飞防组织和服务平台不断涌现，农资经销商积极转型做飞防的热情高涨，专业化防治组织和新型经营主体的需求旺盛、购买意愿增加，加上政府的重视和推动，植保无人机正飞入越来越多寻常百姓的田间地头。近几年，随着植保无人机厂家技术的不断升级，植保无人机在作业效率、性能、可操作性上都有了明显提高，被越来越多的用户接受和认可，其作业效果也得到实践的力证。但不可忽视的是，当前植保无人机的飞防作业仍面临缺乏行业标准和操作规范的问题。本节内容将从操作角度对作业规范进行逐一概述。

按照植保的作业步骤可分为作业前准备、作业中要求、作业后收尾和日常养护四部分。四个部分互相关联，互相影响。

3.3.1 作业前准备

植保任务承接前夕，需要与当地农户或中间商沟通到位，沟通的内容包括作业的亩数、作业的大概地形、作业地点的障碍物情况，要考虑这些因素是否影响植保作业。还需要与当地人员协调后勤保障的配合问题，例如，充电问题、加装农药问题、当地是否会全力配合等。当作业地点地形确定后，就要考虑车辆、设备和人员的转场是否便捷，农田里的道路是否适合作业队的车辆进入。这时就需要与当地人沟通了解当地的地形道路，规划出更方便、快捷的道路。当道路不适合车辆进入时，一般需要与农户协调，使用小型车辆以确保后勤保障能力。

当确定好作业面积与作业周期后，就需要合理配备作业人员与随行设备。还需要观察作业地的天气状况，提前查看当地天气，雨露未干、风力过大或气温过高时不宜作业。雨露未干会影响喷洒药物的浓度，容易稀释药液而降低药效。到达作业地块，查看并获取土地全局信息，主要包括作业面积、地形、田间障碍物分布等。了解作业面积大小，做出作业周期规划。根据地形情况和田间障碍物情况确定作业航线规划，并进行起降点选择。如果需要自己配制农药，要严格依据药品说明书使用，科学配制农药，切忌盲目混配。飞防作业队的人员安全应放在首位，需分工合理，拒绝围观，做好防毒、防中暑。作业中的人员岗位应明确，劝离近距离观看的无关人员。接触药物的人员做好防护，佩戴手套、口罩，身着长衣长裤。接触药物的过程中禁止饮水、吸烟、进食。无人机操作人员做好防暑降温的准备，避免中暑而影响植保无人机的操作，引起意外事故。

3.3.2 作业中要求

作业中的要求主要包括药物配置、飞行模式选择及可靠的后勤保障。

1．药物配置

药物配置要求包括授药均匀度、授药浓度、作业周期和亩喷量。

（1）授药均匀度

植株授药均匀度的基本要求是不重喷、不漏喷、不过喷。影响因素主要包括喷洒系统、飞行速度和喷幅宽度。

药箱加装防晃装置可保证飞行轨迹准确；水泵功率输出稳定可保证流量输出稳定；输药管道、喷头保持通畅无阻，喷嘴无损坏符合自身标准。作业速度不超过6m/s，稳定在 5m/s。执行自主模式作业时，提前设定好速度数值。需使用统一的喷头，全程使用固定的药杆长度，距离农作物的高度保持一致，作业结束后进行扫边喷洒。

(2) 授药浓度

授药浓度的影响因素包括施药均匀度、配药比例和自然因素。

虽然药品的浓度一致，但是喷洒不均匀会导致整体浓度存在差异。应按照药品指导说明，按比例配制药液。混合配药时，提前确定好各药品比例，杜绝盲目配制。田间露水较多时不宜喷洒农药，露水稀释农药会导致药液浓度降低，影响药效。

配药过程中，首先要计算用药量。认真阅读农药使用说明书。一般，农药在包装上都有使用说明书，它标有农药名称、有效成分及含量、使用浓度、登记防治对象等。要有针对性地选择农药，标签上一般标有以亩为单位计算的用药量，配药人员需根据现场的施药面积和标签上推荐的使用剂量计算用药量，并根据当前使用的无人机药箱大小、喷洒速度来决定配药的总容量，配药的常用容器如图 3-3 所示。

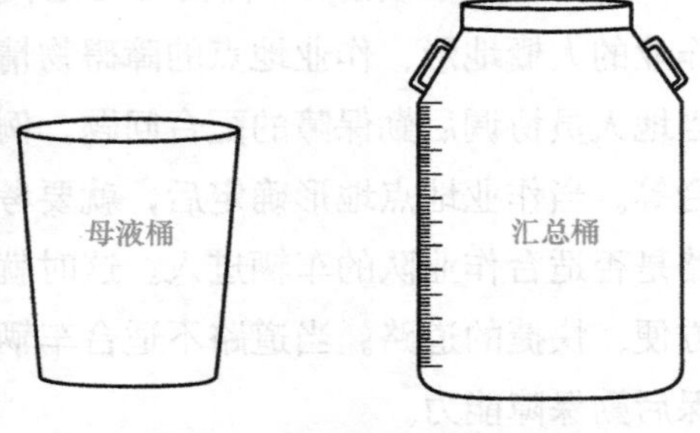

图 3-3 所需药液桶

配药过程应采用“二次稀释法”，流程如图 3-4 所示。

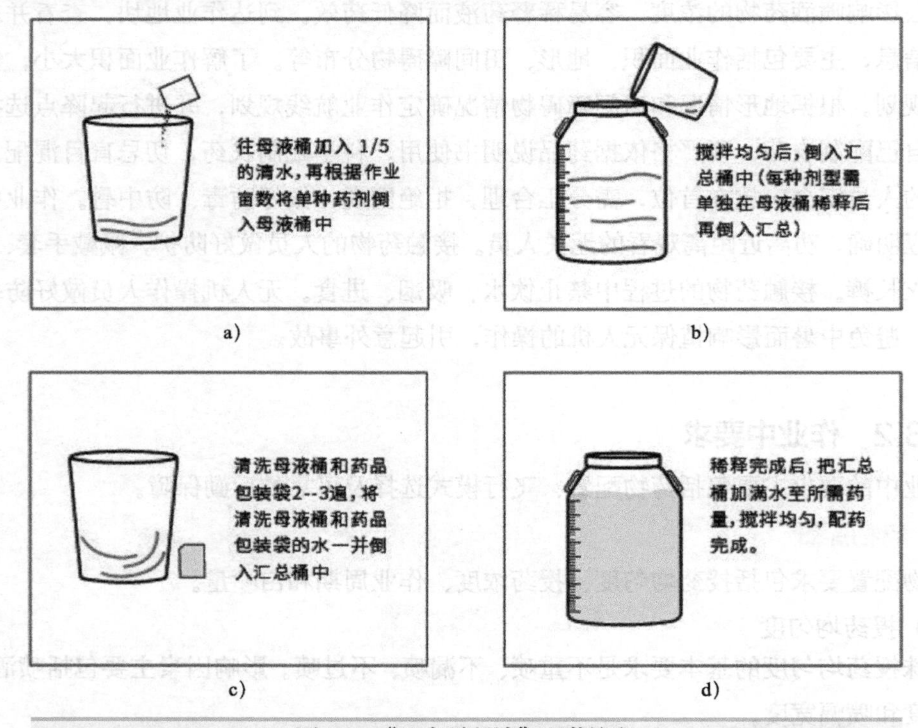

图 3-4 “二次稀释法”配药流程

二次稀释法是先用少量水将药液调成浓稠母液，然后稀释到所需的浓度。

农药稀释浓度的计算，首先要将每公顷面积换算成亩数，1 公顷为 15 亩，如农药标识说明的用药量为 300mL/hm^2，换成每亩则为 20mL。在田间尽可能用量杯等量具分药，这样更容易把农药分均匀，浓度更容易掌握。

（3）作业周期

保障作业周期有助于及时有效地完成飞防喷药任务。为了保障作业周期，需要确定好作业面积，结合作业能力，预估好作业天数，做好人机配比和备用机配比。保证高效率的人机结合效率，能够应对突发情况，保证持续作业。

（4）亩喷洒量

控制亩喷洒量就是根据农作物的病虫害现实情况，结合所用农药的药性和病虫害防治环境，科学合理地制定出每亩地的适宜药量，一般以 mL/ 亩为单位。随着植保飞防的发展和国家倡导高效植保的政策，亩喷洒量逐渐得到人们的重视。

亩喷洒量的设置（见图 3-5）：植保无人机具有流量计，可以实现根据需要进行流量设置。流量选择的计算公式如下：

$$Y=\frac{a\times b\times c}{667}$$

式中，Y 是需要对流量计设置的参数；a 是目标亩作业量（L/ 亩）；b 是植保无人机喷幅（m）；c 是植保无人机的飞行速度（m/min）。

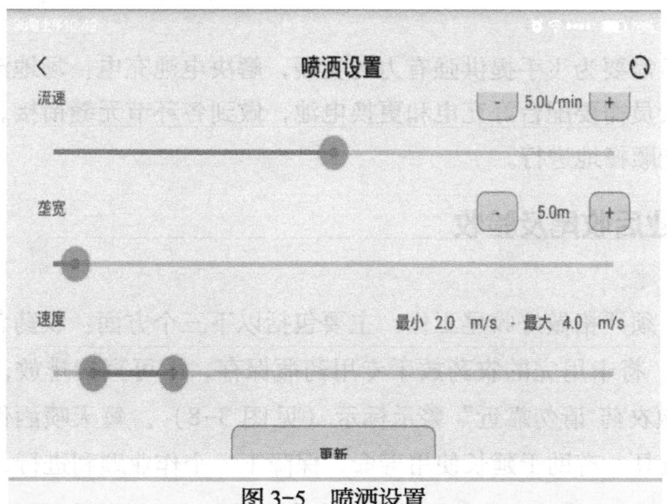

图 3-5 喷洒设置

2. 飞行模式选择

作业地块地形地貌多种多样，可以根据作业地块的不同，如地块大小、是否规则、起降场地等情况，合理使用不同的飞行作业模式。

（1）全自主作业模式

全自主作业是一种全自动的作业模式，无人机可自主规划喷洒路径，实现大面积农业植保飞防作业，此模式适合平整的大面积地块。全自主作业需要注意：

1）将需要作业的地块事先规划好航线并保存。

2）作业时根据实际情况，修改飞行参数后执行任务。

3）根据现场情况，适时做好后勤保障（加药、更换电池等）。

（2）AB 点作业模式

通过遥控器辅助，可实现在作业过程中按照操控者的意愿主动记录当前作业地块的纵向长度（以 A、B 坐标点作为标识），并在之后的喷洒作业过程中，按照所记录的 AB 线段进行平移光栅式的路径规划，实现自动化喷洒作业（见图 3-6）。AB 点作业模式适合较为规整的矩形地块，相比全自主或手动作业减少了规划航线的时间，提高了作业效率，减轻了作业人员的负担。

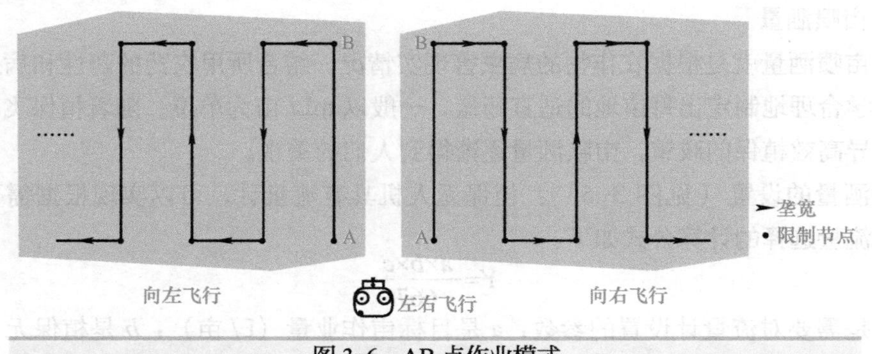

图 3-6　AB 点作业模式

3．后勤保障

后勤保障人员需要为飞手提供强有力的支援，解决电池充电、场地清理和辅助农药加装等问题。后勤人员需要配合好充电和更换电池，做到各环节无缝衔接。只有后勤得到保证，飞行作业才能顺畅地进行。

3.3.3　作业后收尾及验收

1．作业后收尾

作业完成后，须严格做好收尾工作。主要包括以下三个方面：农药包装物及残液的处理（见图 3-7），将未用完的农药放于专用药瓶保存。不可直接排放，避免水土污染。在田间插入“已撒农药 请勿靠近”警示标示（见图 3-8）。每天喷洒作业结束后，及时清洗药箱，检查机具，有助于延长使用寿命，保障下一个作业顺利进行。

图 3-7　农药包装回收处理

图 3-8　树立安全标示

2．作业后验收

作业完成后，一般 3 ～ 7 天后可验证防治效果，可与雇主检查飞防作业是否达到要求，不同农作物在生长期间需要多次喷洒农药，保质保量地完成作业任务，后期才能赢得更多防治订单，达到共同受益的目的。

3.3.4 日常维护保养

无人机的清洗、喷洒系统的清洁都应该在作业完成后的第一时间完成，因为农药的残留会对无人机机体、金属结构、水泵、喷头、管路进行腐蚀，如果不及时清洗则会影响无人机的使用寿命。

第4章 植保旋翼无人机的农业相关知识

4.1 农作物药品使用解析

4.1.1 农药

农药是指用于预防、消灭或者控制危害农业、林业的病、虫、草和其他有害生物以及有目的地调节植物、昆虫生长的化学合成或者来源于生物、其他天然物质的一种物质或者几种物质的混合物及其制剂，如图 4-1 所示。

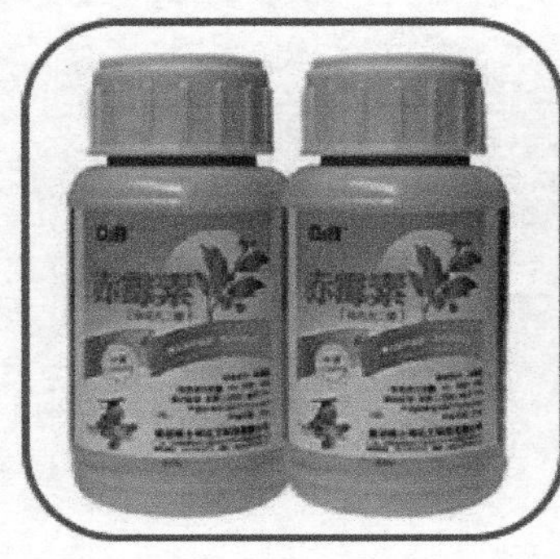

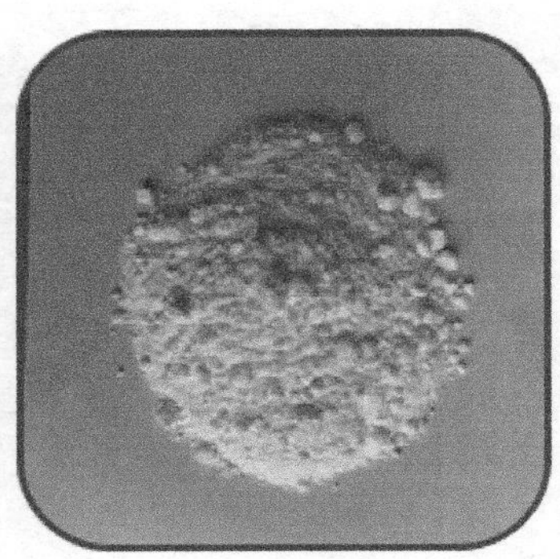

图 4-1　农药

在使用农药的过程中根据证件是否齐全来判断农药的合法性，做到安全使用农药、使用安全农药。农药的“四证”包括生产许可证、产品质量标准证、农药登记证和农药经营许可证。

农药生产企业被批准后，生产有国家标准或者行业标准的农药的，应当向国务院化学工业行政管理部门申请农药生产许可证，如图 4-2 所示。生产尚未制定国家标准、行业标准但已有企业标准的农药的，应当经省级化学工业管理部门审核同意后，报国务院化学工业行政管理部门批准，发给农药生产批准文件。任何单位和个人不得生产未取得农药生产许可证或者农药生产批准文件的农药。

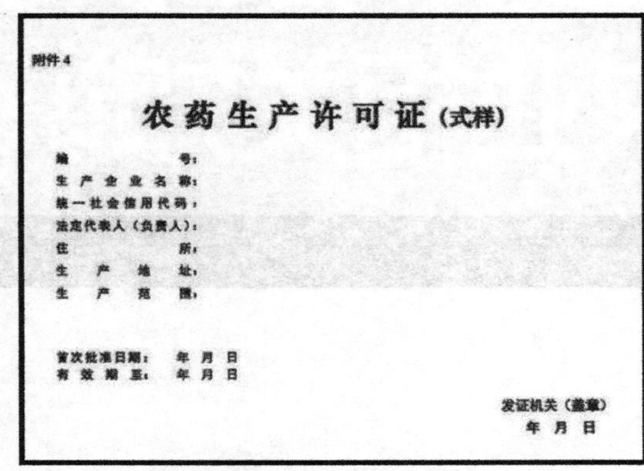

附件 4

农药生产许可证（式样）

编号：
生产企业名称：
统一社会信用代码：
法定代表人（负责人）：
住所：
生产地址：
生产范围：

首次批准日期：　年　月　日
有效期至：　年　月　日

发证机关（盖章）
年　月　日

图 4-2　农药生产许可证

农药标准是农药产品质量技术指标及其相应检测方法标准化的合理规定。它要经过标准行政管理部门批准并颁布实施，具有合法性和普遍性。它通常作为生产企业与用户之间购销合同的组成部分，也是法定质量监督检验机构对市场上流通的农药产品进行质量抽检的依据以及发生质量纠纷时仲裁机构进行质量仲裁的依据。

农药属精细化工产品，生产加工技术要求较高。农药既是农业生产中的救灾物资，必须具备一定的质量要求，确保药效，防止药害；又是有毒物质，在生产、流通、使用过程中对人畜的安全性和在使用后对环境（水、土、空气、动植物）的影响，均应有严格的要求。国家实行农药登记制度，生产（包括原药生产、制剂加工和分装）农药和进口农药必须进行登记，农药登记证如图 4–3 所示。

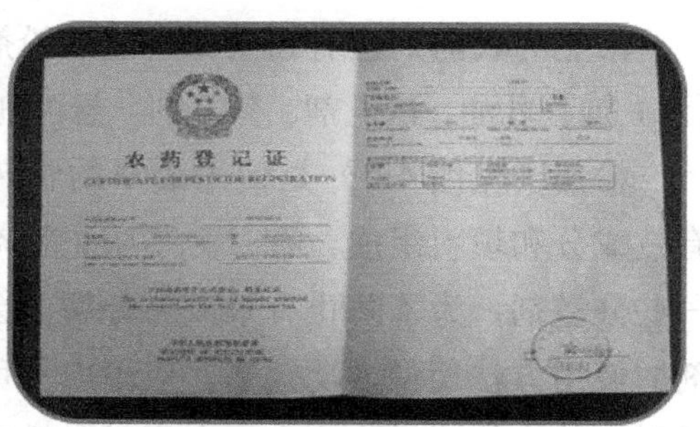

图 4–3 农药登记证

农药在进入市场之前，生产厂家须向国家主管农药登记的机构申请登记，经审查批准发证后，才能组织生产、作为商品。《农药经营许可管理办法》对农药经营者的专业知识和经营能力提出了更高的要求，目的是提高农药经营门槛，引导农药行业的经营模式向更专业的方向发展。农药经营许可证如图 4–4 所示。

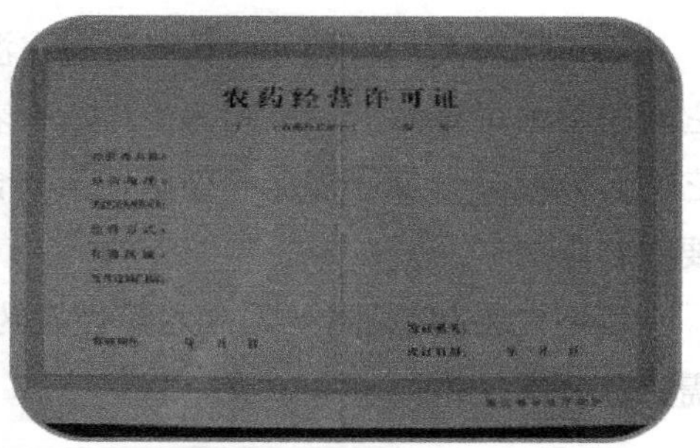

图 4–4 农药经营许可证

4.1.2 农药的分类

农药的分类形式多种多样，通常按使用用途可分为杀虫剂、杀菌剂、除草剂、植物生长调节剂和杀鼠剂。

正规厂家的产品，按照国家有关规定，农药标签下部有一条与底边平行的不同颜色的色带，用来表示不同类别的农药。除草剂用“除草剂”字样和绿色表示；杀虫（螨、软体动物）剂用“杀虫剂”“杀螨剂”或“杀软体动物剂”字样和红色表示；杀菌（线虫）剂用“杀菌剂”或“杀线虫剂”字样和黑色表示；植物生长调节剂用“植物生长调节剂”字样和橘黄色表示；杀鼠剂用“杀鼠剂”字样和蓝色表示。

按农药成分构成可分为有机农药和无机农药。其中，有机农药是指主要由碳氢元素构成的一类农药，大多数可用有机化合方法制得。如有机磷农药，这一类农药品种多、药效高、用途广、易分解，在人、畜体内一般不积累，是极为重要的一类农药。我国生产的有机磷农药绝大多数为杀虫剂，如常用的对硫磷、内吸磷、马拉硫磷、乐果、敌百虫及敌敌畏、甲胺磷（2008 年已经禁止使用）等。此外，人工合成的仿生农药也属于有机农药，如溴氰菊酯、杀虫双等。有机磷农药一般持效期短（7～10天）、使用量大，易使病虫草产生抗药性，且容易发生中毒事故。有机磷农药遇碱性物质分解，应避免与碱性物质放一起。

4.1.3 常见农药剂型

常见的农药剂型有粉剂、可湿性粉剂、可溶性粉剂、液（水）剂、乳油、浓乳剂、微乳剂、悬浮剂和超低容量喷雾剂。

粉剂（见图4-5）是使用最早的农药加工剂型，通常由有效成分和填料组成，有时为了防止粉剂聚结，会适当添加一些分散剂；为了防止有效成分分解，会添加抗分解剂。粉剂的使用方法简便，功效高，应用广，可用于大田、温室、果树、林木的喷粉防病虫，也可以撒粉或者拌种来防治土壤害虫和土壤病害，还可用粉剂配成毒饵防治害虫和害鼠。

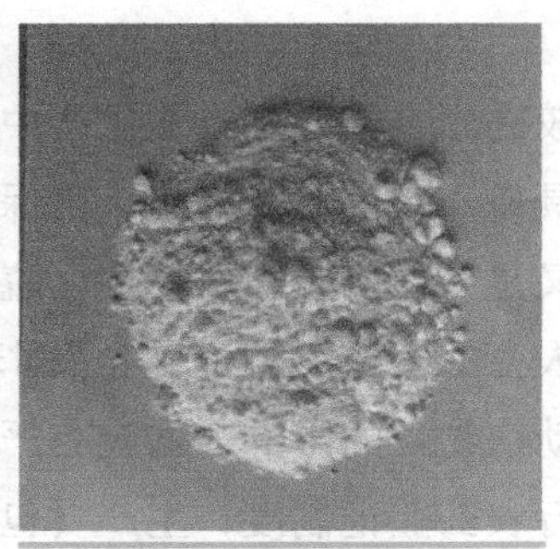
图4-5 粉剂

可湿性粉剂（见图4-6）是容易被水湿润，可分散和悬浮于水中供喷雾使用的粉状制剂。它较粉剂来说对防治对象和保护作物有着更好的附着性，漂移少、环境污染轻、药效好。它的有效成分含量通常比粉剂高，又不含有机溶剂，便于贮藏运输，安全性高，是一类重要的农药制剂。

可溶性粉剂（见图4-7）是水溶性农药与水溶性填料混合粉碎后制成的可溶于水的粉剂，需兑水喷雾使用。

图4-6 可湿性粉剂

图4-7 可溶性粉剂

液（水）剂（见图4-8）是农药原药的水溶液制剂，需兑水喷雾使用。由于制剂中无乳化剂，故在作物表面的黏附性较差，药效不及乳油，在水中不稳定，长期贮存易分解失效。

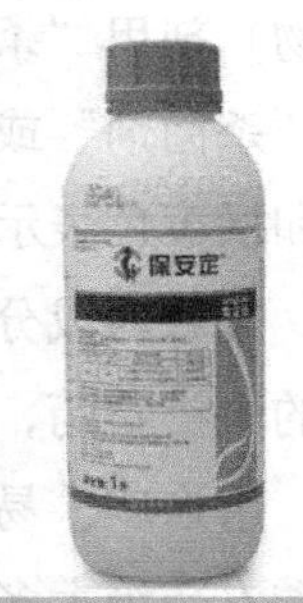
图4-8 液剂

乳油（见图4-9）是由农药原药、乳化剂和溶剂等制成的单相液体，在水中可形成稳定的乳状液，是一种很重要的农药加工剂型，具有有效成分含量高、药效好、使用方便、加工简单、耐贮存等优点。它的最大问题是需要消耗大量的有机溶剂，浪费化工原料，加重环境污染，且由于有机溶剂具有可燃性，也会增加贮存和运输的危险性。

浓乳剂（乳剂型悬浮剂）（见图 4-10）是液体农药或固体农药与溶剂溶解制得的以微小液滴分散于水中的制剂。该制剂以水为基质，不可燃，不易引起药害，刺激性和毒性都较乳油低，提高了对人畜和作物的安全性。

微乳剂（水基质乳油、可溶化乳油）（见图 4-11）是由原药、乳化剂、防冻剂和水组成，是乳油的改进型。它以水为基质，有时加少量的有机溶剂。乳化剂用量较大，一般在 20% 以上，形成的乳状液均匀透明或半透明。乳珠粒径极小，一般为 0.02 ～ 0.1μm。其优点是不可燃，贮存、运输的安全性好；与乳油相比其药效提高，刺激性、臭味减轻；贮存稳定性好；没有沉淀、结块以及黏度增大、流动性差的缺点；对作物的安全性提高了。

悬浮剂是固体农药分散于水中的制剂。其组成除了有效成分外，还有润湿剂、分散剂、增稠剂、消泡剂、防冻剂和水等。其特点是加工和使用时没有粉尘飞扬，对使用者安全；没有易燃性，不易产生药害；较可湿性粉剂药效好；有效成分不溶于水，并且在有水条件下化学性质稳定。

超低容量喷雾剂是一种油状剂。它是由农药和溶剂混合加工而成的，有的还加入少量助溶剂、稳定剂等。这种制剂专供超低量喷雾机使用，不需要稀释直接喷洒。它具有喷量少、功效高、浓度高、油质载体、使用量少、应用迅速、使用时不需加水或者加极少量水等优点。超低容量喷雾在单位面积上喷施的药液量通常为 900 ～ 4 950mL/hm^2，仅为常规喷雾数的百分之一。药液主要采用高沸点的油质载体，利用小雾滴（雾滴直径为 70 ～ 100μm）的沉积，挥发性低，耐雨水冲刷，持效性长，药效高。

图 4-9 乳油　　图 4-10 浓乳剂　　图 4-11 微乳剂

4.1.4 常见农药作用方式

1．杀虫（螨）类

（1）胃毒剂（见图 4-12）

杀虫（螨）剂随食物通过害虫口器摄食后，在肠液中溶解或者被肠壁细胞吸收到致毒部位，致使害虫中毒死亡。如敌百虫、除虫脲等。

（2）触杀剂（见图 4-13）

害虫接触到药剂时，药剂通过虫体表皮渗入虫体内，使害虫受到干扰或破坏某些组织使害虫致死。如甲基对硫磷、氰戊菊酯、氯氰菊酯等。

图 4-12　敌百虫　　　　图 4-13　甲基对硫磷

（3）内吸剂

指不论将药剂施到作物的哪一部位（根、茎、叶、种子）都能被作物吸收到体内，并随着植株体液传导到全株各部位。传导到植株各部位的药量足以使危害此部位的害虫中毒死亡，同时，药剂可在植物体内贮存一定时间又不妨碍作物的生长发育。内吸剂的优点是使用方便，适用于防治藏在隐蔽处的害虫。

2．杀菌类

（1）保护性杀菌剂（见图 4-14）

在植物感病前施用，抑制病原孢子萌发或杀死萌发的病原孢子，以保护植物免受病原菌侵染危害，又称为防御性杀菌剂。保护性杀菌剂有两种，一种是用杀菌剂消灭病害侵染源，属此类药剂的有代森锰锌、雷多米尔等；另一种是在病菌未侵入植物之前，把杀菌剂施到寄主表面，使其形成一层药膜，防止病菌侵染。如硫酸铜、绿乳铜、波尔多液等。

（2）治疗性杀菌剂（见图 4-15）

当病原菌侵入农作物或已使农作物感病时，施用治疗性杀菌剂能抑制病原菌继续发展或消灭病菌，使植株恢复健康。如多菌灵、苯菌灵、三唑铜、甲霜灵等。

（3）内吸性杀菌剂（见图 4-16）

它能通过作物的根、茎、叶等部位吸收进入作物体内，并在作物体内传导、扩散、滞留或代谢，起到防治植物病害的作用。这类药剂本身或其代谢可抑制已侵染病原菌的生长或保护植物免受病原菌重复侵染。如三唑铜、甲基硫菌灵、苯菌灵、菌核净等。

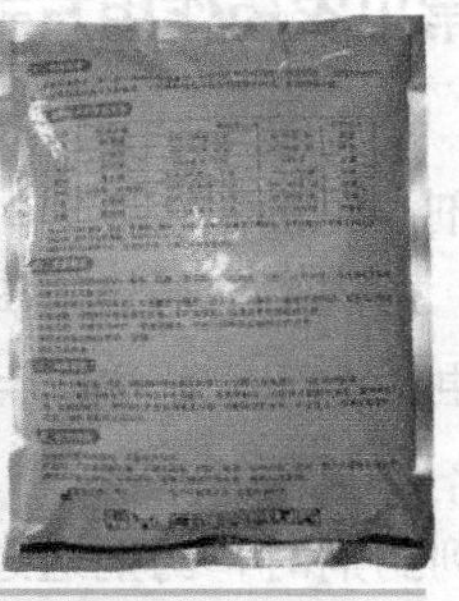

图 4-14　硫酸铜　　图 4-15　三唑酮　　图 4-16　甲基硫菌灵

4.1.5 失效农药鉴别方法

农药都具有保质期，在使用农药的过程中难免会遇到失效的药剂，掌握一些基础的失效药剂鉴别方法有助于安全有效地使用的农药。

直观法：先看外表，如果明显受潮结块、药味不浓或有其他异味，并能用手搓成团，说明这类药基本失效。对乳剂农药，可先将药瓶静置，如果药液浑浊不清或出现分层（即油水分离），有沉淀物生成或絮状物悬浮，则药剂已经失效。

加热法：适用于粉剂农药。取农药 5 ～ 10 克，放在一块金属片上加热，如果产生大量白烟，并有浓烈的刺鼻气味，说明药剂良好；否则，说明药剂已经失效。

漂浮法：适用于可湿性粉剂农药。先取 200 克清水一杯，再取 1 克农药，轻轻地、均匀地撒在水面上，仔细观察。在 1 分钟内湿润并能溶于水的是未失效的农药，否则即为失效农药。

振荡法：适用于乳剂农药。对于出现油水分层的农药，先用力振荡药瓶，静置 1 小时后观察，如果仍出现分层，说明药剂已经变质失效。

热溶法：适用乳剂农药。把有沉淀物的农药连瓶一起放入温水（水温不可过高，以 50 ～ 60℃为宜）中 1 小时后观察，若沉淀物溶解，则说明药剂尚未失效，待沉淀物溶解后还能继续使用；若沉淀物很难溶解或不溶解，则说明已经失效。

对不同剂型的农药可进行简单的理化性能检查：

可湿性粉剂：拿一个透明的玻璃瓶盛满水，水平放置，取半匙药剂，在距水面 1 ～ 2cm 高度处一次性倾入水中，合格的可湿性粉剂应能较快地在水中湿润分散，全部湿润时间一般不会超过 2 分钟，优良的可湿性粉剂在投入水中后，不加搅拌就能形成较好的悬浮液，如将瓶摇匀，静置 1 小时，底部固体沉降物应较少。

乳油：用一个透明的玻璃瓶盛满水，用滴管或玻璃棒移取药液，滴入静止的水面上，合格的乳油（或乳化性能良好的乳油）应能迅速向下、向四周扩散，稍加搅拌后形成白色牛奶状乳液，静止 30 分钟，无可见油珠和沉淀物。

水溶性乳油：该剂型能与水互溶，不形成乳白色，在国内较少，只有甲胺磷等。

干悬乳剂：干悬乳剂是指用水稀释后可自发分散，原药以粒径 1 ～ 5μm 的微粒散于水中，形成相对稳定的悬浮液。

4.2 农药使用安全

4.2.1 药害

农作物药害是指由气候、环境、施药技术、农业措施、农药本身引起的对所应用作物的伤害。常见的药害种类有除草剂药害和植物生长调节剂药害。

药害预防措施：科学合理选择农药，选购具有相关证照的厂家生产的农药产品；科学安全使用农药，切勿盲目使用高毒农药、盲目混合使用农药；除草剂禁忌使用超低量喷雾机械。

以棉花药害为例，棉花在整个生长发育过程中，遭受病虫害较多，因此生产上用药频繁，容易产生药害。如施用敌敌畏、乐果、除草醚等不当，易引发触杀性类型的药害（见图 4-17）。如敌敌畏药害，叶肉先变紫色，后变鲜红色或浅黄色，叶脉初始时保持绿色，后叶脉也变黄；波尔多液药害，叶上产生大小不等的焦枯斑、硬化、早落、植株萎缩；石硫合剂药害，叶片、铃壳产生灼伤块，叶片易干枯脱落。施用 2,4-D（2,4- 对氯苯氧乙酸）、二甲四氯等除草剂常产生内吸性类型的药害，又称慢性型药害，即用药后经较长时间才出现植株矮化、畸形、叶肉增厚、叶色浓绿、叶片皱缩等现象，严重时侧枝丛生，生长点坏死。棉花受 2,4-D（2,4- 对氯苯氧乙酸）药害后，叶片呈鸡爪状，叶片变小变窄。氟乐灵过量造成的药害致棉花主根形成肿瘤等。矮壮素施用浓度过大也能产生类似的症状。如果在花期用药会影响授粉，造成子房不孕或产生落花、落蕾等问题。

图 4-17　棉花药害

药害的产生多是因为选用杀虫剂、杀菌剂、除草剂、植物生长刺激素等农药种类不当、施用浓度过高、喷药时间不对、花期用药或使用了对棉花敏感的除草剂等。药害的防治方法如下：

1）选好农药，做到对症下药。

2）确定适宜的浓度，严格按操作规程使用，不要在花期施药。

3）棉田施用除草剂时，注意土壤的有机质含量，有机质含量少的砂土用药量宜少，反之用药量可增加。喷洒除草剂时要设立隔离带，注意风向，防止其随风飘移而伤害邻近的敏感作物，必要时喷雾器要专用。

4）发生药害后追施速效化肥。施用除草剂产生药害后，可追施速效肥料或采用根外追肥来补救。对激素类除草剂如 2,4-D、二甲四氯飘移至棉田后产生的药害，可打去畸形枝，必要时喷洒赤霉素或草木灰、活性炭等。活性炭吸附性强，能减轻药剂对土壤的污染。

5）喷清水冲洗。如喷用除草剂或杀虫剂过量使作物遭受药害，可打开喷灌装置或喷雾器，连续喷 2 ～ 3 次清水，可清除或减少叶片上的农药残留量；对于遇碱性物质易分解的农药，还应在水中加入 0.2% 的碳酸钠进行淋洗和中和。

6）足量浇水使根系大量吸水，降低棉株体内有害物质的相对浓度，可起到一定缓解作用。如土壤施药过量，采用灌水法也可排除部分药物，减少危害。结合追肥中耕松土可增加土壤的透气性和地温，促进根系发育，加强植株恢复力。

7）提倡喷洒绿风95、高美施－金必来、植物动力2003等，可使受害棉花迅速恢复正常。

4.2.2 农药的毒性

安全使用农药要了解农药的毒性及危害，农药的毒性是指农药损害生物体的能力，农业上习惯将对靶标生物的毒性称为毒力。

农药致死中量的定义：某生物群体50%死亡所需要的农药剂量。用于衡量毒性，一般是以每公斤体重所吸收农药的毫克数，用mg/kg或mg/L表示。根据农药致死中量可以将农药的毒性分为以下5级：

1）剧毒农药。致死中量为1～50mg/kg，如久效磷、磷胺、甲胺磷、苏化203、3911等。

2）高毒农药。致死中量为51～100mg/kg，如呋喃丹、氟乙酰胺、氰化物、401、磷化锌、磷化铝、砒霜等。

3）中毒农药。致死中量为101～500mg/kg，如乐果、叶蝉散、速灭威、敌克松、402、菊酯类农药等。

4）低毒农药。致死中量为501～5000mg/kg，如敌百虫、杀虫双、马拉硫磷、辛硫磷、乙酰甲胺磷、二甲四氯、丁草胺、草甘膦、托布津、氟乐灵、苯达松、阿特拉津等。

5）微毒农药。致死中量大于5000mg/kg，如多菌灵、百菌清、乙磷铝、代森锌、灭菌丹、西玛津等。

农药不仅对人有极大的危害，对大自然也有极大的影响。在植保作业中，未能用完的农药不要随意丢弃，应该存放到原包装中妥善保存。

4.2.3 人员中毒后的应急处理办法

农药中毒是指农药进入人体后超过最大忍受量，人的正常生理功能受到影响，造成生理失调、病理改变等。主要中毒症状包括呼吸障碍、心博骤停、休克、昏迷、痉挛、激动、烦躁不安、疼痛、肺水肿、脑水肿等。

人员中毒后的紧急处理方法如下：

1）尽快让中毒者离开现场，根据中毒者的情况采取相应的措施，对中毒严重者采取急救措施，然后带上农药包装物或标签尽快就近送医院治疗。

2）如果中毒者呼吸停止，应及时进行人工呼吸，直到中毒者能自主呼吸为止。对农药熏蒸剂中毒者只能输送氧气，禁止人工呼吸。

3）农药沾染皮肤的，应脱去被农药污染的衣服，用清水及肥皂（不要用热水）充分洗涤被污染的部位，洗涤后用洁净的布或毛巾擦干，穿上干净衣服并注意保暖。受敌百虫污染的，不能使用肥皂，以免敌百虫遇碱后转化为毒性更高的敌敌畏。

4）眼睛被溅入药液或撒进药粉的，应立即用大量清水冲洗。冲洗时把眼睑撑开，通常需要冲洗 15 分钟以上。清洗后，用干净的布或毛巾遮住眼睛休息。

5）吸入农药，身体感到不适时，应立即到空气新鲜、通风良好的安全场所，脱去被农药污染的衣物等，解开上衣纽扣并松开腰带使呼吸畅通，用干净水漱口和肥皂水洗手、洗脸，注意身体保暖。

6）吞服农药引起中毒的，吞服量较大时，一般应立即催吐或洗胃，而不要先用药物治疗。如吞服农药量较少或难于催吐，一般采用无机盐类泻药。

专家提示

在农药生产车间等人员聚集的地方发生毒气中毒事故时，救助者应戴好防毒面罩再进入现场。施洒农药时，人应站在上风方向。

4.3 常见农作物相关病害与防治措施

农作物病虫害是我国的主要农业灾害之一，它具有种类多、影响大、时常暴发成灾的特点，其发生范围和严重程度对我国国民经济特别是农业生产常造成重大损失。我国农作物常见的有以下种类的病虫害：稻飞虱、白粉病、玉米螟、棉铃虫、小麦锈病、棉蚜、稻纹枯病、稻瘟病、麦蚜、麦红蜘蛛、蝗虫、麦类赤霉病等，已成为严重影响我国农业生产的重大病虫害。

4.3.1 虫害基础常识

（1）昆虫的变态发育

完全变态发育是昆虫经过卵、幼虫、蛹、成虫四个时期，如图 4-18a 所示。

不完全变态发育经过卵、幼虫 / 若虫、成虫三个时期，如图 4-18b 所示。

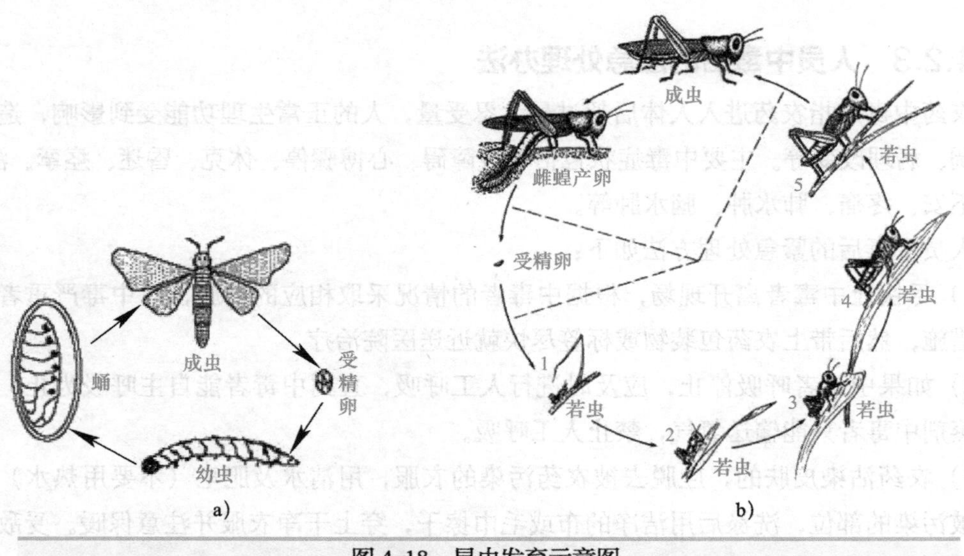

图 4-18 昆虫发育示意图

ⓐ 完全变态发育 ⓑ 不完全变态发育

（2）昆虫变态发育各时期特征

卵期：卵期是指卵从母体产下到卵孵化所经历的时期（见图 4-19a）。掌握害虫的产卵习性，就可以结合农事操作采取摘除卵块等措施进行害虫防治。

幼虫期：昆虫完成胚胎发育，幼虫破卵壳而出的过程称为孵化。从孵化到化蛹所经历的时期称为幼虫期（见图 4-19b）。幼虫期是昆虫一生中主要取食为害的时期，也是防治害虫的关键时期。药剂防治幼虫的时期是低龄期，特别是在 3 龄前施药可收到理想的效果。

蛹期：末龄幼虫最后 1 次脱皮变为蛹的现象称为化蛹（见图 4-19c）。蛹期是开展综合治理的良好时期，如耕翻、晒垡、灌水、清理田地等措施对很多害虫都能较好地防治。

成虫期：昆虫的蛹或者不完全变态昆虫的末龄若虫脱皮变为成虫的过程称为羽化，羽化后的虫态称为成虫（见图 4-19d）。成虫期是交配、产卵、繁殖后代的生殖期。了解昆虫对补充营养的不同要求，可进行化学诱杀，把害虫消灭在产卵前。

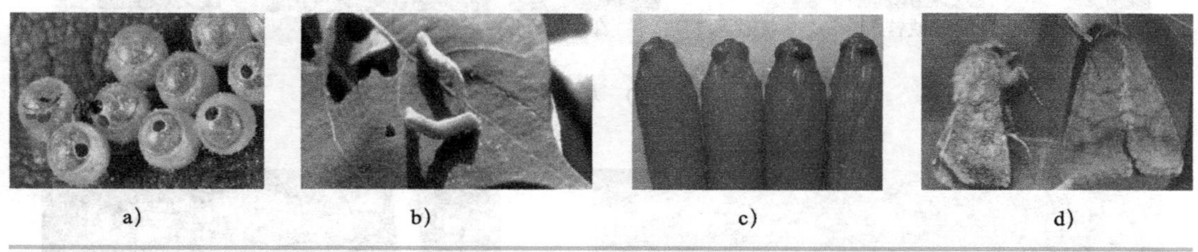

a) b) c) d)

图 4-19 昆虫变态发育各时期

a) 卵期 b) 幼虫期 c) 蛹期 d) 成虫期

（3）虫龄

幼（若）虫在生长过程中有周期性脱皮的现象，每脱皮一次，身体就增长一次，每两次脱皮之间的时期称为龄期。初孵化的幼虫到第一次脱皮前称为第一龄期，这时的幼（若）虫称为 1 龄幼（若）虫，以后每脱皮一次就增加一龄。一般在 2、3 龄前活动范围小，取食量少，抗药能力弱，因此在防治上常要求在 3 龄以前及时用药防治。幼（若）虫一般脱皮 4 ～ 5 次（即 5 ～ 6 龄）后化蛹或直接变为成虫。

4.3.2 农业病害基础常识

植物病害是指植物在生物或非生物因子的影响下，发生一系列形态、生理和生化上的病理变化，阻碍了正常生长、发育的进程，从而影响人类经济效益的现象，如图 4-20 所示。

植物病害根据是否病原生物侵染可分为两大类（见图 4-21），非侵染性病害和侵染性病害。

非侵染性病害：由非生物因素引起，例如，营养元素的缺乏、水分的不足或过量、低温的冻害和高温的灼病、肥料和农药使用不合理，或废水、废气造成的药害、毒害等。

侵染性病害：由生物引起，有传染性，病原体有多种，如真菌、细菌、病毒、线虫或寄生性种子植物等。

图 4-20　植物病害

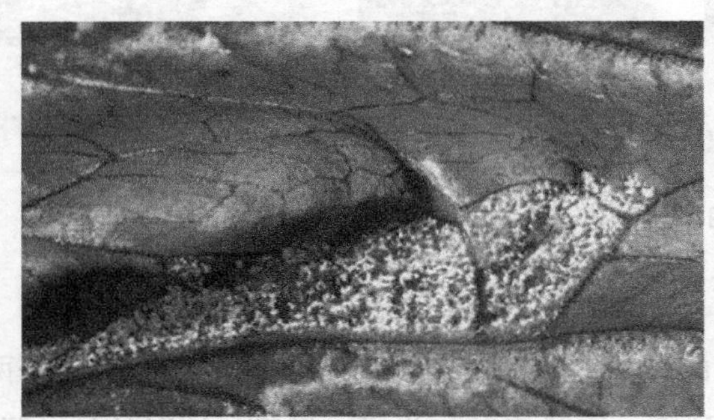

图 4-21　植物病害的分类

非侵染性病害和侵染性病害的相互关系：非侵染性病害会加重侵染性病害的发生，造成伤口，如苹果腐烂病等。侵染性病类可致使植物非侵染病害的发生。

植物病症是指植物发病后，在发病部位所伴随出现的各种病原物形成的特征性结构。常见的包括霉状物、粉状物、粒状物和脓状物，具体介绍如下：

1）霉状物：霉是真菌性病害常见的病征，不同病害的霉层颜色、结构、疏密等变化较大。可分为霜霉、黑霉、灰霉、青霉、白霉等。

2）粉状物：粉状物是某些真菌的孢子密集的聚集在一起所表现的特征。根据颜色的不同又可分为白粉、锈粉、黑粉等。

3）粒状物：病菌常在病部产生一些大小、形状、颜色各异的粒状物，如图 4-22 所示。

4）脓状物：是细菌特有的特征性结构。在病部表面溢出含有许多细菌和胶质物的液滴被称作菌脓或菌胶团。

图 4-22 粒状物示意图

植物病状是植物感病后植物本身的异常表现，也就是受病植株在生理解剖上的病变反映到外部形态上的结果。具体表现为变色型、坏死型、萎蔫型、畸形、流脂或流胶型，具体介绍如下：

1）变色型：植物感病后，叶绿素不能正常形成或解体，叶片上表现为淡绿色、黄色甚至白色，如翠菊黄化病。

2）坏死型：坏死是细胞和组织死亡的现象，包括腐烂、溃疡、斑点，如图 4-23 所示。

3）萎蔫型：植物因病而表现出失水的状态。

4）畸形：畸形是细胞或组织过度生长或发育不足而引起的，常见的有丛生、瘿瘤、变形、疮痂和枝条带化。

5）流脂或流胶型：植物细胞分解为树脂或树胶流出，常称为流脂病或流胶病，如图 4-24 所示。

图 4-23 坏死型植物

图 4-24 流脂型植物

农作物病虫害防治应遵循如下原则：

1）预防为主，综合防治，治早、治小、治了；

2）能用农业措施防治的就不用化学防治；

3）能用生物农药的就不用化学农药；

4）能用低度农药的就不用高度农药；

5）循环交替用药，防止病虫草产生抗药性；搞好预测预报，及时发现病虫害。

4.3.3 常见农作物及相关病虫害防治

1．水稻虫害

1）二化螟：俗称钻心虫（见图 4-25），除了危害水稻，还危害小麦、玉米、油菜等。主要发生区域在华中、华东、华北、东北。

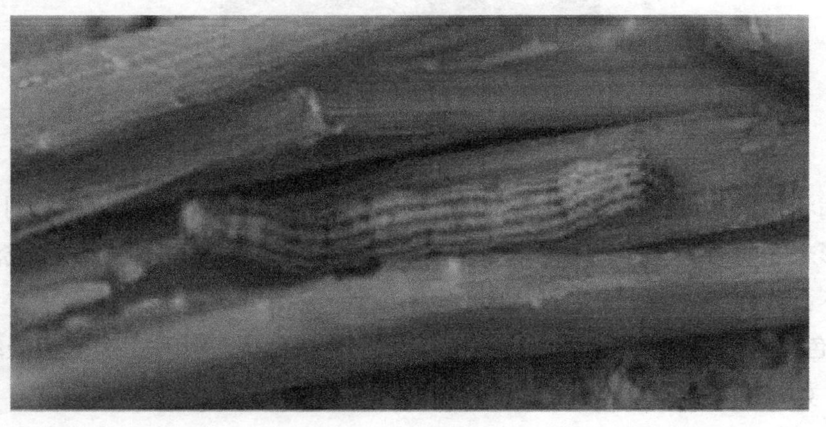

图 4-25 二化螟幼虫期

形态特征：成蛾雌体长 14 ～ 16.5mm，翅展长 23 ～ 26mm，触角为丝状，前翅为灰黄色，近长方形，沿外缘具小黑点 7 个，后翅为白色，腹部为灰白色纺锤形。雄蛾体长 13 ～ 15mm，翅展长 21 ～ 23mm，前翅中央具黑斑 1 个，下面有小黑点 3 个，腹部为瘦圆筒形。卵长 1.2mm，扁椭圆形，卵块由数十至 200 粒排成鱼鳞状，长 13 ～ 16mm，宽 3mm，乳白色至黄白色或灰黄褐色，幼虫 6 龄左右，如图 4-26 所示。末龄幼虫体长 20 ～ 30mm，头部除上颚棕色外，余红棕色，全体淡褐色，具红棕色条纹。蛹长 10 ～ 13mm，米黄色至浅黄褐色或褐色。4 龄以上幼虫在稻桩、稻草中或其他寄主的茎秆内、杂草丛、土缝等处越冬。气温高于 11℃时开始化蛹，15 ～ 16℃时成虫羽化。低于 4 龄期幼虫多在翌年土温高于 7℃时钻进上面稻桩及小麦、大麦、蚕豆、油菜等冬季作物的茎秆中；均温 10 ～ 15℃进入转移盛期，转移到冬季作物茎秆中以后继续取食内，发育到老熟时，在寄主内壁上咬出羽化孔，仅留表皮，羽化后破膜钻出。有趋光性，喜欢把卵产在幼苗叶片上，圆秆拔节后产在叶宽、秆粗且生长嫩绿的叶鞘上；初孵幼虫先钻入叶鞘处群集为害，造成枯鞘，2 ～ 3 龄后钻入茎秆，3 龄后转株为害。该虫生命力强，食性杂，耐干旱、潮湿和低温条件。主要天敌有卵寄生蜂等。

主要防治时期：水稻生长前期防治第一代虫，一般年份第一代成虫从 5 月上旬到 7 月下旬，二代从 8 月中旬到 9 月中旬。

发病特征：水稻分蘖期受害，出现枯心苗和枯鞘；孕穗期、抽穗期受害，出现枯孕穗和白穗；灌浆期、乳熟期受害，出现半枯穗和虫伤株，秕粒增多，遇大风易倒折。二化螟为害造成的枯心苗，有别于大螟和三化螟为害造成的枯心苗。幼虫先群集在叶鞘内侧蛀食为害，叶鞘外面出现水渍状黄斑，后叶鞘枯黄，叶片也渐死，称为枯鞘期。幼虫蛀入稻茎后剑叶尖端变黄，严重的心叶枯黄而死，受害茎上有蛀孔，孔外虫粪很少，茎内虫粪多，黄色，稻秆易折断。

参考用药：12% 马拉•杀螟松、1.8% 阿维菌素、20% 氯虫苯甲酰胺（无人机施用）。

2）三化螟：三化螟因在浙江一带发生 3 代而得名，如图 4-27 所示。

形态特征：同二化螟。

主要防治时期：防治三化螟枯心的时间应比防治二化螟的时间提早，一般在幼虫期打药。

发病特征：生命周期同二化螟，但其危害方式与二化螟不同，幼虫孵化后侵入水稻不久，即在叶鞘和茎节间适当部位做“环状切断”。

参考用药：12% 马拉•杀螟松、1.8% 阿维菌素、20% 氯虫苯甲酰胺（无人机施用）。

图 4-26　二化螟成蛾

图 4-27　三化螟成虫

3）稻纵卷叶螟：稻纵卷叶螟在我国各稻区皆有分布，主要在南方稻田区危害较大，该虫具有迁飞性。稻纵卷叶螟发生的轻重与气候条件密切相关。

形态特征：雌成蛾体长 8 ～ 9mm，翅展 17mm，体、翅为黄色，前翅前缘为暗褐色，外缘具暗褐色宽带，内横线、外横线斜贯翅面，中横线短，后翅也有两条横线，内横线短，不达后缘。雄蛾体稍小，色泽较鲜艳，前、后翅斑纹与雌蛾相近，但前翅前缘中央有一个黑色眼状纹。卵长 1mm，近椭圆形，扁平，中部稍隆起，表面具细网纹，初为白色，后渐变为浅黄色。幼虫 5 ～ 7 龄，多数为 5 龄。末龄幼虫体长 14 ～ 19mm，头为褐色，体为黄绿色至绿色，老熟时为橘红色，中、后胸背面具小黑圈 8 个，前排 6 个，后排 2 个。蛹长 7 ～ 10mm，圆筒形，末端尖削，具钩刺 8 个，初为浅黄色，后变为红棕色至褐色。

主要防治时期：一般在水稻孕穗期或者抽穗期施药。

发病特征：以幼虫为害水稻，缀叶成纵苞，躲藏其中取食上表皮及叶肉，仅留白色下表皮。

参考用药：5% 阿维菌素水乳剂、1% 甲维盐微乳剂。

稻飞虱：稻飞虱分为褐飞虱、白背飞虱和灰飞虱。褐飞虱每年发生 1 ～ 13 代，白背飞虱（见图 4-28）每年发生 1 ～ 11 代，灰飞虱每年发生 4 ～ 8 代。以褐飞虱和白背飞虱危害最为严重。

图 4-28 稻飞虱

主要防治时期：早稻以第 3 代为害，一般在 6 月中下旬至 7 月上旬，晚稻以第 5、6 代为害较重，一般在 9 月底至 10 旬中旬。

发病特征：拔节至孕穗期受害后，稻丛基部黑褐色，稻株矮缩，往往不能抽穗或形成“包颈”的空粒穗，抽穗后受害会影响谷粒饱满，严重时成团枯萎。

参考用药：吡虫啉、啶虫脒、噻虫嗪、25% 吡蚜酮（无人机施用）。

2. 水稻病害

1）水稻纹枯病：又称云纹病，在南方稻区危害严重，是当前水稻的主要病害之一，如图 4-29 所示。

主要防治时期：苗期至穗期都可以发生。一般在分蘖期开始发生，分蘖后期病死率 15% 即施药防治。

发病特征：叶鞘染病在近水面处产生暗绿色水浸状边缘模糊小斑，后逐渐扩大呈椭圆形或云纹形，中部呈灰绿或灰褐色，湿度低时中部呈淡黄或灰白色，中部组织破坏呈半透明状，边缘暗褐。发病严重时数个病斑融合形成大病斑，呈不规则状云纹斑，常致叶片发黄枯死。叶片染病病斑也呈云纹状，边缘褪黄，发病快时病斑呈污绿色，叶片很快腐烂，茎秆受害症状似叶片，后期呈黄褐色，易折。穗颈部受害初为污绿色，后变灰褐，常不能抽穗，抽穗的秕谷较多，千粒重下降。湿度大时，病部长出白色网状菌丝，后汇聚成白色菌丝团，形成菌核，菌核深褐色，易脱落。

参考用药：首选广灭灵水剂 500 ～ 1 000 倍液或 5% 井冈霉素 100mL，兑水 50L 喷雾。醚菌酯，苯醚甲环唑 + 嘧菌酯 1 500 倍液喷雾。

2）稻瘟病：稻瘟又称稻热病、火烧瘟、叩头瘟，如图 4-30 所示。分布在全国各稻区，主要为害叶片、茎秆、穗部。

主要防治时期：根据为害时期、部位不同可分为苗瘟、叶瘟、节瘟、穗颈瘟、谷粒瘟。早抓叶瘟，狠治穗瘟。叶瘟要连防 2 ～ 3 次，穗瘟着重在抽穗期进行保护，特别是在孕穗期（破肚期）和齐穗期。

发病特征：苗瘟发生于三叶前，由种子带菌所致，病苗基部灰黑，上部变褐，卷缩而死，湿度较大时病部产生大量灰黑色霉层，即病原菌分生孢子梗和分生孢子。

叶瘟在整个生育期都能发生，分蘖至拔节期为害较重。根据气候条件和品种抗病性不同，病斑可分为四种类型：慢性型病斑开始时在叶上产生暗绿色小斑，逐渐扩大为梭菜斑，常有延伸的褐色坏死线，病斑中央为灰白色，边缘为褐色，外有淡黄色晕圈，叶背有灰色霉层，病斑较多时会连片形成不规则大斑，这种病斑的发展较慢；急性型病斑在感病品种上形成暗绿色近圆形或椭圆形病斑，叶片两面都产生褐色霉层，条件不适应发病时转变为慢性型病斑；白点型病斑感病的嫩叶发病后，产生白色近圆形小斑，不产生孢子，气候条件利其扩展时，可转为急性型病斑；褐点型病斑多在高抗品种或老叶上，针尖大小的褐点只产生于叶脉间，较少产孢，该病在叶舌、叶耳、叶枕等部位也可发病。

节瘟常在抽穗后发生，初在稻节上产生褐色小点，后渐绕节扩展，使病部变黑，易折断。发生早的形成枯白穗，仅在一侧发生的造成茎秆弯曲。

穗颈瘟初形成褐色小点，发展后使穗颈部变褐，也造成枯白穗。发病晚的造成秕谷，枝梗或穗轴受害造成小穗不实。

谷粒瘟产生褐色椭圆形或不规则斑，可使稻谷变黑。有的颖壳无症状，但护颖受害变褐，使种子带菌。

参考用药：发病初期喷洒 20% 三环唑（克瘟唑）可湿性粉剂 1 000 倍液或用 40% 稻瘟灵（富士一号）乳油 1 000 倍液、50% 多菌灵或 50% 甲基硫菌灵可湿性粉剂 1 000 倍液、50% 稻瘟肽可湿性粉剂 1 000 倍液、40% 克瘟散乳剂 1 000 倍液、50% 异稻瘟净乳剂 500 ～ 800 倍液、5% 菌毒清水剂 500 倍液。上述药剂也可添加 40mg/kg 春雷霉素或展着剂使效果更好。

图 4-29 水稻纹枯病

图 4-30 稻瘟病

3）水稻矮缩病：水稻矮缩病又称水稻普通矮缩病、普矮、青矮，如图 4-31 所示。主要分布在南方稻区。水稻在苗期至分蘖期感病后，植株矮缩、分蘖增多、叶片浓绿、僵直，生长后期病稻不能抽穗结实。

主要防治时期：及时防治在稻田繁殖的第一代若虫，并抓住黑尾叶蝉迁飞双季晚稻秧田和本田的高峰期，把虫源消灭在传毒之前。

发病特征：病叶症状表现为两种类型，白点型是指在叶片上或叶鞘上出现与叶脉平行的虚线状黄白色点条斑，以基部最为明显，病叶以上新叶都出现点条，以下老叶一般不出现；扭曲型是指在光照不足情况下，心叶抽出呈扭曲状，随心叶伸展，叶片边缘出现波状缺刻，色泽淡黄。孕穗期发病，多在剑叶叶片和叶鞘上出现白色点条，穗颈缩短，形成包颈或半包颈穗，如图 4-32 所示。

该病毒可由黑尾叶蝉、二条黑尾叶蝉和电光叶蝉传播。以黑尾叶蝉为主。带菌叶蝉能终身传毒，可经卵传染。水稻感病后经一段潜育期显症，苗期气温 22.6℃时潜育期为 11 ～ 24 天，28℃时为 6 ～ 13 天，苗期至分蘖期感病的潜育期短，以后随龄期增长而延长。

参考用药：可选用 25% 噻嗪酮可湿性粉剂，225g/667m^2 或 35% 速虱净乳油 25% 速灭威可湿性粉剂 100g，兑水 50L，每隔 3 ～ 5 天喷洒 1 次，连防 1 ～ 3 次。

图 4-31 水稻矮缩病

图 4-32 病叶

3．小麦虫害

1）小麦吸浆虫：小麦吸浆虫均以幼虫吸食麦粒浆液，出现瘪粒，严重时造成绝收，是毁灭性害虫，如图 4-33 所示。

形态特征：麦红吸浆虫雌成虫体长 2 ～ 2.5mm，翅展 5mm 左右，体为橘红色。复眼大，黑色。前翅透明，有 4 条发达翅脉，后翅退化为平衡棍。触角细长，雌虫触角 14 节，念珠状，各节呈长圆形膨大，上面环生 2 圈刚毛。胸部发达，腹部略呈纺锤形，产卵管全部伸出。雄虫体长 2mm 左右，触角 14 节，其柄节、梗节中部不缢缩，鞭节 12 节，每节具 2 个球形膨大部分，环生刚毛。卵长 0.09mm，长圆形，浅红色。幼虫体长约 2 ～ 3mm，椭圆形，橙黄色，头小、无足、蛆形，前胸腹面有 1 个“Y”形剑骨片，前端分叉，凹陷深。蛹长 2mm，裸蛹，橙褐色，头前方具白色短毛 2 根和长呼吸管 1 对。麦黄吸浆虫雌体长 2mm 左右，体为鲜黄色，产卵器伸出时与体等长。雄虫体长 1.5mm，腹部末端的把握器基节内缘无齿。卵长 0.29mm，香蕉形。幼虫体长 2 ～ 2.5mm，黄绿色，体表光滑，前胸腹面有剑骨片，剑骨片前端呈弧形浅裂，腹末端生突起 2 个。蛹为鲜黄色，头端有 1 对较长毛。

主要防治时期：抽穗至扬花前的成虫防治。

发病特征：小麦抽穗期，每 10 复网次有成虫 25 头以上或用两手扒开麦垄能看到 2 头以上成虫。

参考用药：辛硫磷、高效氯氟氰菊酯、氯氟 • 吡虫啉等农药进行喷雾防治。重发区每隔 3 天连续用药 2 次，以确保效果。

2）麦长管蚜：蚜虫俗称腻虫，是危害麦类作物的蚜虫总称，如图 4-34 所示。危害麦类作物主要有麦长管蚜、麦二叉蚜。

形态特征：无翅孤雌蚜体长 3.1mm，宽 1.4mm，长卵形，草绿色至橙红色，头部略显灰色，腹侧具灰绿色斑。触角、喙端节、财节、腹管为黑色。尾片色浅。腹部第 6 ～ 8 节及腹面具横网纹，无缘瘤。中胸腹岔短柄，额瘤显著外倾，触角细长，全长不及体长，第 3 节基部具 1 ～ 4 个次生感觉圈。喙粗大，超过中足基节。端节圆锥形，是基宽的 1.8 倍。腹管长圆筒形，长为体长的 1/4，在端部有网纹十几行。尾片长圆锥形，长为腹管的 1/2，有 6 ～ 8 根曲毛。有翅孤雌蚜体长 3.0mm，椭圆形，绿色，触角黑色，第 3 节有 8 ～ 12 个感觉圈排成一行。喙不达中足基节，腹管长圆筒形，黑色，端部具有 15 或 16 行横行网纹，尾片为长圆锥状，有 8 根或 9 根毛。

主要防治时期：苗期、穗期。

发病特征：麦蚜苗期多集群在麦叶背面、叶鞘及心叶处。小麦拔节、抽穗后多集中在茎、叶和穗部为害，并排泄蜜露，影响植物呼吸和光合作用。被害处呈浅黄色斑点，严重时叶片发黄，甚至枯死。

参考用药：啶虫脒、吡虫啉、抗蚜威、高效氯氟氰菊酯、苦参碱、耳霉菌等药剂喷雾防治。

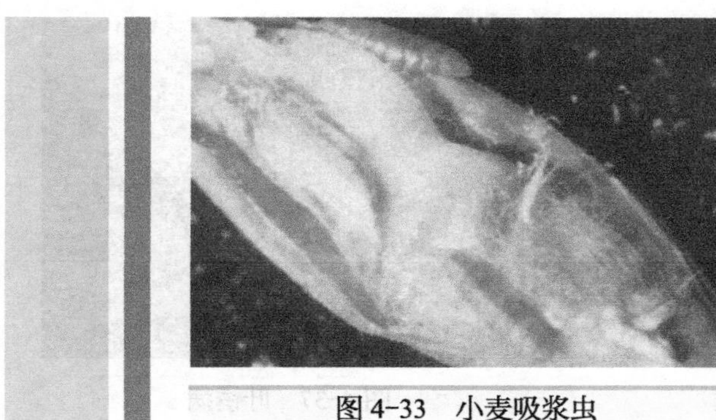

图 4-33 小麦吸浆虫

图 4-34 麦长管蚜

3）麦红蜘蛛：麦红蜘蛛包括长腿蜘蛛（麦芽螨）和麦圆蜘蛛两种，如图 4-35 所示。

图 4-35 麦红蜘蛛

形态特征：麦圆蜘蛛成虫体长 0.6 ～ 0.98mm，宽 0.43 ～ 0.65mm，卵圆形，黑褐色。4 对足，第 1 对长，第 4 对居二，2、3 对等长。具背肛。足、肛门周围红色。卵长 0.2mm 左右，椭圆形，初为暗褐色，后变为浅红色。若螨共 4 龄。1 龄称幼螨，3 对足，初为浅红色，后变为草绿色至黑褐色。2 ～ 4 龄若螨 4 对足，体似成螨。

主要防治时期：返青拔节期。

发病特征：成、若虫吸食麦叶汁液，破坏叶绿素，妨碍光合作用，受害叶上出现细小白点，后麦叶变黄，麦株生育不良，植株矮小。发病时先下部叶再转移至上半叶，严重的会全株干枯。

参考用药：阿维菌素、联苯菊酯、马拉·辛硫磷、联苯·三唑磷等药剂喷雾防治。

4. 小麦病害

小麦锈病：小麦条锈病是小麦锈病之一，如图 4-36 所示。小麦锈病俗称“黄疸病”，分为条锈病、秆锈病、叶锈病 3 种，是我国小麦生产上分布广、传播快、危害面积大的重要病害，其中以小麦条锈病发生最为普遍且严重。主要发生在河北、河南、陕西、山东、山西、甘肃、四川、湖北、云南、青海、新疆等地。

主要防治时期：小麦返青后，越冬病叶中的菌丝体复苏扩展，当旬均温上升至 5℃时显症产孢，如遇春雨或结露，病害扩展蔓延迅速，引致春季流行，成为该病的主要为害时期。

发病特征：田间苗期发病严重的条锈病与叶锈病症状易混淆，不好鉴别，如图 4-37 所示。小麦叶锈夏孢子堆近圆形，较大，不规则散生，主要发生在叶面，成熟时表皮开裂一圈，别于条锈病。必要时可把条锈菌和叶锈菌的夏孢子分别放在两个载玻片上，往孢子上滴一滴浓盐酸后镜检，条锈菌原生质收缩成数个小团，而叶锈菌原生质在孢子中央收缩成一个大团。

图 4-36　小麦锈病

图 4-37　叶锈病

参考用药：三唑类、烯唑类为主的高效低毒内吸杀菌剂，见表 4-1。

表 4-1　条锈病参考用药

杀虫剂	吡虫啉、啶虫脒、吡蚜酮、噻虫嗪、溴氰菊酯、高效氯氟氰菊酯、高效氯氰菊酯、氰戊菊酯、敌敌畏、抗蚜威、阿维菌素、苦参碱等；其中，吡虫啉和啶虫脒不宜单一使用，要与低毒有机磷农药合理混配喷施
杀菌剂	三唑酮、烯唑醇、戊唑醇、己唑醇、丙环唑、苯醚甲环唑、咪鲜胺、氟环唑、多菌灵、甲基硫菌灵、氰烯菌酯、蜡质芽孢杆菌、井冈霉素等

5. 玉米病害

1）玉米大斑病：玉米大斑病又称条斑病、煤纹病、枯叶病、叶斑病等，主要为害玉米的叶片、叶鞘和苞叶，如图 4-38 所示。叶片染病先出现水渍状青灰色斑点，然后沿叶脉向两端扩展，形成边缘为暗褐色、中央为淡褐色或青灰色的大斑。后期病斑常纵裂。严重时病斑融合，叶片变黄枯死。潮湿时病斑上有大量灰黑色霉层。下部叶片先发病。在单基因的抗病品种上表现为褪绿病斑，病斑较小，与叶脉平行，色泽黄绿或淡褐色，周围暗褐色，有些表现为坏死斑。

主要防治时期：此病流行程度除与玉米品种感病有关外，主要由环境条件（雨水、湿度）决定。夏玉米一般较春玉米发病重。

发病特征：玉米大斑病主要为害玉米叶片，严重时也为害叶鞘和苞叶，先从植株下部叶片开始发病，后向上扩展。病斑为长梭形、灰褐色或黄褐色，长 5 ～ 10cm，宽约 1cm，有的病斑更大，严重时叶片枯焦。天气潮湿时，病斑上可密生灰黑色霉层。

参考用药：发病初期用 50%可湿性多菌灵 500 倍或用 50%退菌特 800 ～ 1 000 倍。

2）玉米纹枯病：

主要防治时期：一般在玉米拔节期开始发病，抽雄期病情发展快，吐丝灌浆期受害重，如图 4–39 所示。

发病特征：主要为害玉米叶鞘、果实、斑为圆形或不规则形，淡褐色，水浸状，病、健部界线模糊，病斑连片愈合成较大型云纹状斑块，中部为淡土黄色或枯草白色，边缘褐色。湿度大时发病部位可见到茂盛的菌丝体，后结成白色小绒球，逐渐变成褐色的菌核。有时在茎基部数节出现明显的云纹状病斑，病株茎秆松软，组织解体。

参考用药：在发病初期，每亩用 5%井冈霉素 100 ～ 150mL 或 20%粉剂 25g。

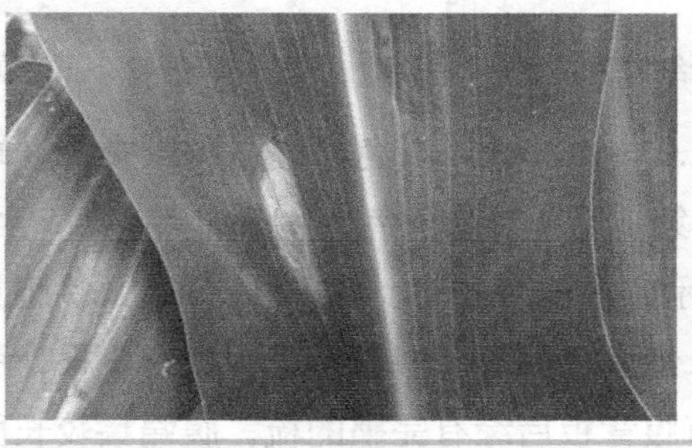

图 4–38 玉米大斑病

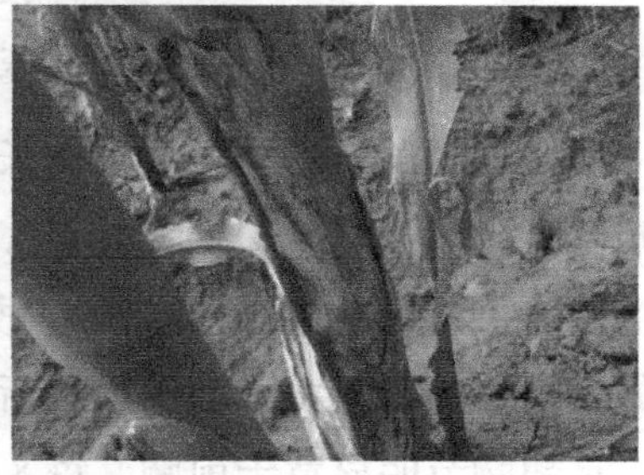

图 4–39 玉米纹枯病

3）玉米斑枯病：玉蜀黍生壳针抱和玉蜀黍壳针抱引起的斑枯病主要为害叶片，如图 4–40 所示。

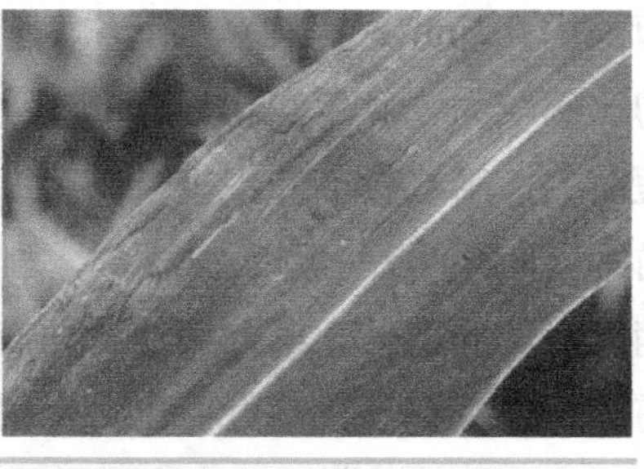

图 4–40 玉米斑枯病

发病特征：初生病斑为椭圆形、红褐色，后中央变为灰白色、边缘浅褐色的不规则形斑，致叶片局部枯死，两者常混合发生，较难区别。借风雨传播或被雨水反溅到植株上，从气孔侵入，后在病部产生分生孢子器及分生孢子扩大为害。冷凉潮湿的环境利其发病。

参考用药：结合防治玉米其他叶斑病，及早喷洒 75%百菌清可湿性粉剂 1 000 倍液加 70%甲基硫菌灵可湿性粉剂 1 000 倍液或 75%百菌清可湿性粉剂 1 000 倍液加 70%代森锰锌可湿性粉剂1 000倍液、40%多·硫悬浮剂500倍液、50%复方硫菌灵可湿性粉剂800倍液，大约间隔10天喷洒1次，连续防治1次或2次。

6．玉米虫害

1）玉米红蜘蛛：

主要防治时期：玉米红蜘蛛喜高温低湿的环境条件，在干旱少雨年份或季节发生较重，如图4-41所示。7～8月进入为害盛期。

发病特征：被害处呈失绿斑点，影响光合作用。为害严重时，叶片变白、干枯，籽粒秕瘦，造成减产，对玉米生产造成严重影响。

参考用药：可用73%克螨特乳油或5%尼索朗乳油1 500倍液喷雾防治。

2）玉米黄呆蓟马：别名玉米蓟马、玉米黄蓟马、草蓟马，如图4-42所示。分布在华北地区、新疆、甘肃、宁夏、江苏、四川、西藏、中国台湾。

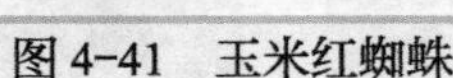

图4-41　玉米红蜘蛛

图4-42　玉米黄呆蓟马

形态特征：长翅型雌成虫体长1.0～1.2mm，黄色略暗，胸、腹背（端部数节除外）有暗黑区域。触角第1节为淡黄色，第2至4节为黄色，逐渐加黑，第5至8节为灰黑色。头、前胸、背无长鬃，如图4-43所示。触角有8节，第3、4节有叉状感觉锥，第6节有淡的斜缝。前翅淡黄，前脉鬃间断，绝大多数有2根端鬃，少数有1根，脉鬃弱小，缘缨长，具翅胸节明显宽于前胸。每8节腹背板后缘有完整的梳，腹端鬃较长而暗。半长翅型的前翅长达腹部第5节。短翅型的前翅短小，退化成三角形芽状，具翅胸几乎不宽于前胸。卵长约0.3mm，宽约0.13mm，肾形，乳白至乳黄色。初孵若虫小如针尖，头、胸占身体的比例较大，触角较粗短。2龄后为乳青或乳黄色，有灰斑纹。触角末端数节灰色。体鬃短而尖，第八腹节侧鬃较长，第九、十腹节鬃较长。第九腹节上有4根背鬃略呈节瘤状。前蛹（3龄）头、胸、腹淡黄，触角、翅芽及足淡白，复眼红色。触角分节不明显，略呈鞘囊状，向前伸。第九腹节背面有4根弯曲的齿。蛹（第4龄）触角鞘背于头上，向后至前胸。翅芽较长，接近羽化时带褐色。

发病特征：主要是成虫对植物造成严重危害。为害叶背致叶背呈现断续的银白色条斑，伴随有小污点，叶正面与银白色相对的部分呈现黄色条斑。受害严重的叶背如涂了一层银粉，端半部变黄枯干，甚至毁种。

参考用药：喷洒20%丁硫克百威乳油或10%吡虫啉可湿性粉剂、18%爱比菌素乳油、10%除尽乳油2 000倍液、40%氧化乐果乳油1 500倍液、25%辉丰快克乳油1 500～2 000倍液。

3）玉米田棉铃虫：玉米田棉铃虫别名玉米穗虫、棉挑虫、钻心虫、青虫、棉铃实夜蛾等，如图4-44所示。近年在一些栽培改制、复种面积扩大地区，棉铃虫为害玉米有加重趋势，尤以辽南、长江流域及新疆部分地区为主，玉米雌穗常受棉铃虫幼虫为害。1996年8月在青海首次发现该虫为害玉米，其发生面积之大、虫量之多、损失之重实为罕见。

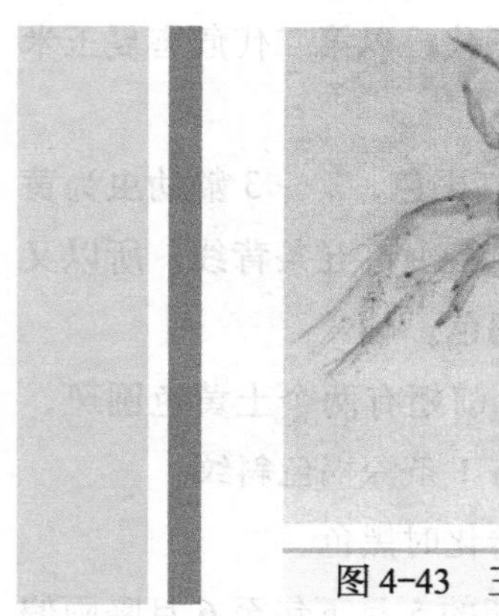

图4-43 玉米黄呆蓟马形态

图4-44 玉米田棉铃虫

形态特征：成虫体长14～18mm，翅展30～38mm，灰褐色，如图4-45所示。前翅有褐色肾形纹及环状纹，肾形纹前方前缘脉上具褐纹2条，肾纹外侧具褐色宽横带，端区各脉间生有黑点。后翅为淡褐至黄白色，端区黑色或深褐色。卵半球形，0.44～0.48mm，初为乳白色后为黄白色，孵化前为深紫色。幼虫体长30～42mm，体色因食物或环境不同变化很大，由淡绿、淡红至红褐或黑紫色，常见绿色型和红褐色型。绿色型，体为绿色，背线和亚背线为深绿色，气门线为浅黄色，体表面布满褐色或灰色小刺。红褐色型，体为红褐或淡红色，背线和亚背线为淡褐色，气门线为白色，毛瘤为黑色。腹足趾钩为双序中带，两根前胸侧毛连线与前胸气门下端相切或相交。蛹长17～21mm，黄褐色，腹部第5～7节的背面和腹面具7～8排半圆形刻点，臀棘钩刺2根，尖端微弯。害果穗不结实，减产严重。

图4-45 玉米田棉铃虫成虫

主要防治时期：1代卵见于4月下旬至5月底，1代成虫见于6月初至7月初，6月中旬为盛期，7月为2代幼虫为害盛期，7月下旬进入2代成虫羽化和产卵盛期，4代卵见于8月下旬至9月上旬，所孵幼虫于10月上中旬老熟入土化蛹越冬。第1代主要于麦类、豌豆、苜蓿等早春作物上为害，第2代、3代为害棉花，3、4代为害番茄等蔬菜，从第1

代开始为害果树，后期较重。成虫昼伏夜出。

参考用药：①搞好预测预报。②农业防治。采用上草环法，将稻草或麦秸浸湿，做成直径 1.5 ～ 2cm 的草环，在棉铃虫成虫产卵前及幼虫 3 龄前，把做好的草环用杀虫剂 500 倍液浸透，然后用工具夹药环套在玉米果穗顶端。也可用正式登记的防治药剂涂穗或喷洒，防治 3 龄前幼虫。

4）玉米粘虫：玉米粘虫是一种玉米作物虫害中常见的主要害虫之一，如图 4-46 所示，又名行军虫，体长 17 ～ 20mm，淡灰褐色或黄褐色，雄蛾色较深。以幼虫暴食玉米叶片，严重发生时短期内吃光叶片，造成减产甚至绝收。一年可发生三代，以第二代危害夏玉米为主。

形态特征：幼虫头顶有八字形黑纹，头部为褐色黄褐色至红褐色，2 ～ 3 龄幼虫为黄褐至灰褐色，或带暗红色，4 龄以上的幼虫多是黑色或灰黑色。身上有五条背线，所以又叫五色虫。腹足外侧有黑褐纹，气门上有明显的白线。蛹为红褐色。

成虫体长 17 ～ 20mm，淡灰褐色或黄褐色，雄蛾色较深。前翅有两个土黄色圆斑，外侧圆斑的下方有一小白点，白点两侧各有一小黑点，翅顶角有 1 条深褐色斜纹。

卵为馒头形稍带光泽，初产时白色，颜色逐渐加深，将近孵化时黑色。

主要防治时期：粘虫喜温暖高湿的条件，在 1 代粘虫迁入期的 5 月下旬至 6 月降雨偏多时，2 代粘虫就会大发生。

发病特征：以幼虫取食为害，食性很杂，尤其喜食禾本科植物。咬食叶组织，形成缺刻，大发生时常将叶片全部吃光，仅剩光杆，抽出的麦穗、玉米穗亦能被咬断。

参考用药：在幼虫 3 龄前以 20% 杀灭菊酯乳油 15 ～ 45g/ 亩，兑水 50kg 喷雾。

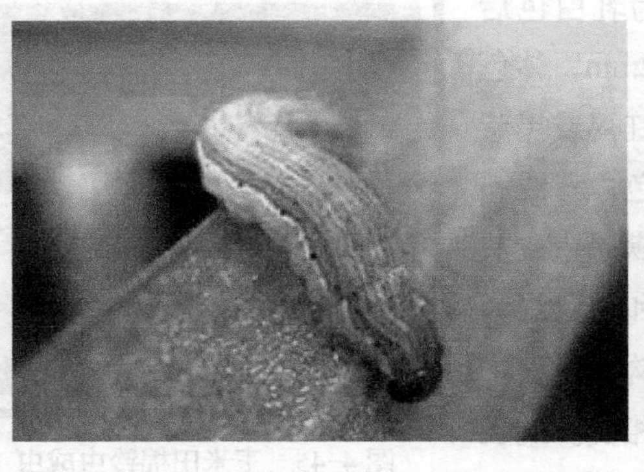

图 4-46　玉米粘虫

7．马铃薯病害

1）马铃薯晚疫病：马铃薯晚疫病又称马铃薯温病，如图 4-47 所示，是马铃薯生产中的一种毁灭性病害。在我国马铃薯各种植区普遍发生，一般减产 20% ～ 40%。

发病特征：病毒侵染马铃薯的叶、茎、薯块。叶片被侵染后，出现水渍状斑，很快变成褐色斑。发病严重时病斑可扩展到主脉、叶柄和茎上，产生褐色条斑、叶片枯萎、下垂、卷缩，导致植株发生腐烂，并散发腐败气味。在温度为 12 ～ 25℃、相对湿度为 70% 以上就可发病。温度为 18 ～ 22℃、相对湿度为 90% 以上时大发生，95% 以上时大流行。连续雨天发病重。

参考用药：氟噻唑吡乙酮精甲霜、锰锌水分散颗粒、甲霜灵可湿性粉剂等。

图 4-47 马铃薯晚疫病

2）马铃薯早疫病：马铃薯早疫病主要由链格孢属茄链格孢引起，可发生在叶片上，也可侵染块茎，如图 4-48 所示。

发病特征：叶片染病病斑为黑褐色，圆形或近圆形，具同心轮纹，大小为 3 ～ 4mm。湿度大时，病斑上生出黑色霉层病征，即病原菌分生孢子梗和分生孢子。发病严重的叶片干枯脱落，田间植株成片枯黄。块茎染病产生暗褐色稍凹陷圆形或近圆形病斑，边缘分明，皮下呈浅褐色海绵状干腐。该病近年呈上升趋势，其为害有的地区不亚于晚疫病。马铃薯早疫病在苗期和成株均可发生，主要危害叶、叶柄、和块茎。受害叶生黑褐色、近似圆形具有明显同心轮纹的坏死病斑。叶柄和茎柄多发生于分枝处，病斑长圆形，黑褐色，有轮纹。薯块发病，表面近圆形暗褐色病斑，潮湿时，病斑上均可生黑色霉层。

分生孢子萌发适温 26 ～ 28℃，当叶上有结露或水滴，温度适宜，分生孢子经 35 ～ 45 分钟即萌发，从叶面气孔或穿透表皮侵入，潜育期 2 ～ 3 天。瘠薄地块及肥力不足田发病重。

参考用药：马铃薯早疫病要以防为主，在马铃薯幼苗期，必须每 10 ～ 15 天叶面喷洒一次 800 倍 50% 多菌灵可湿性粉剂水溶液，或 1 000 倍 50% 苯菌灵可湿性粉剂水溶液，或 1 000 倍 50% 异菌脲可湿性粉剂水溶液，或 800 倍 80% 百菌清可湿性粉剂水溶液，或 800 倍 80% 代森锰锌可湿性粉剂水溶液进行预防，连续喷洒 2 ～ 3 次。发病后连续喷洒 2 ～ 3 次 1 500 倍 10% 苯醚甲环唑水分散剂水溶液，或 3 000 倍 50% 咯菌腈可湿性粉剂水溶液，或 1 500 倍 25% 嘧菌酯悬浮剂水溶液进行防治，每 7 ～ 10 天喷洒一次，均匀喷湿所有的叶片，以开始有水珠往下滴为宜。

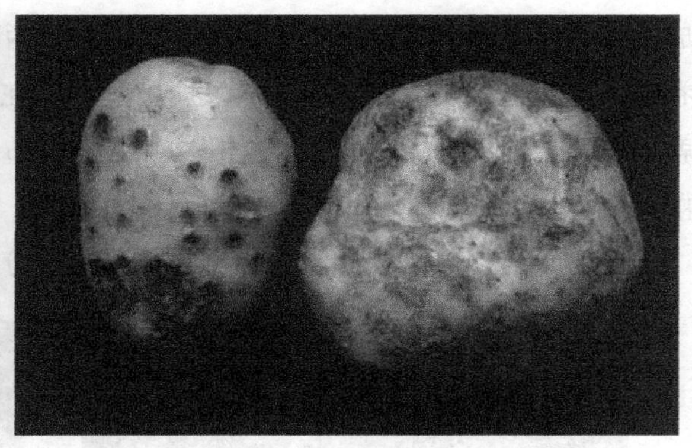

图 4-48　马铃薯早疫病

3）马铃薯黑胫病：马铃薯黑胫病主要侵染茎或薯块，从苗期到生育后期均可发病，如图 4-49 所示。

发病特征：种薯染病腐烂成粘团状，不发芽，或刚发芽即烂在土中不能出苗。幼苗染病一般株高 15 ～ 18cm 出现症状，植株矮小，节间短缩，或叶片上卷，褪绿黄化，或胫部变黑，萎蔫而死。横切茎可见三条主要维管束变为褐色。薯块染病始于脐部，呈放射状向髓部扩展，病部呈黑褐色，横切可见维管束亦呈黑褐色，用手压挤皮肉不分离，湿度大时，薯块变为黑褐色，腐烂发臭，有别于青枯病。

参考用药：噻霉酮滴灌 150g/ 亩；噻霉酮叶面喷雾 80g/ 亩，连用两次。

图 4-49　马铃薯黑胫病

8. 棉花虫害

1）棉铃虫别名棉铃实夜蛾，如图 4-50 所示。我国棉区和蔬菜种植区均有发生，棉区以黄河流域、长江流域受害重。该虫是我国棉花种植区蕾铃期害虫的优势种，近年为害十分猖獗。

棉铃虫一生有四个虫态，成虫、幼虫、蛹、卵，主要以幼虫危害棉花。是经济作物和粮食作物的重要害虫之一。

形态特征：成虫体长 14 ～ 18mm，翅展 30 ～ 38mm，灰褐色。前翅具褐色环状纹及肾形纹，肾纹前方的前缘脉上有二褐纹，肾纹外侧为褐色宽横带，端区各脉间有黑点。后翅为黄白色或淡褐色，端区为褐色或黑色。卵约0.5mm，半球形，乳白色，具纵横网格。幼虫体长30～42mm，体色变化很大，由淡绿、淡红至红褐乃至黑紫色，常见为绿色型及红褐色型。头部黄褐色，背线、亚背线和气门上线呈深色纵线，气门为白色，腹足趾钩为双序中带。两根前胸侧毛连线与前胸气门下端相切或相交。体表布满小刺，其底座较大。蛹长17～21mm，黄褐色。腹部第5～7节的背面和腹面有7～8排半圆形刻点，臀棘钩刺2根。

发病特征：棉铃虫为害棉花时，幼虫食害嫩叶成缺刻或孔洞；为害棉蕾后苞叶张开变黄，蕾的下部有蛀孔，直径约5mm，不圆整，蕾内无粪便，蕾外有粒状粪便，蕾苞叶张开变成黄褐色，2～3天后即脱落。青铃受害时，铃的基部有蛀孔，孔径粗大，近圆形，粪便堆积在蛀孔之外，赤褐色，铃内被食去一室或多室的棉籽和纤维，未吃的纤维和种子呈水渍状，成烂铃。1只幼虫常为害十多个蕾铃，严重的蕾铃脱落一半以上。

参考用药：5%的氟蛉脲乳油1 500倍液、20%的丙溴磷乳油800～1 000倍液。

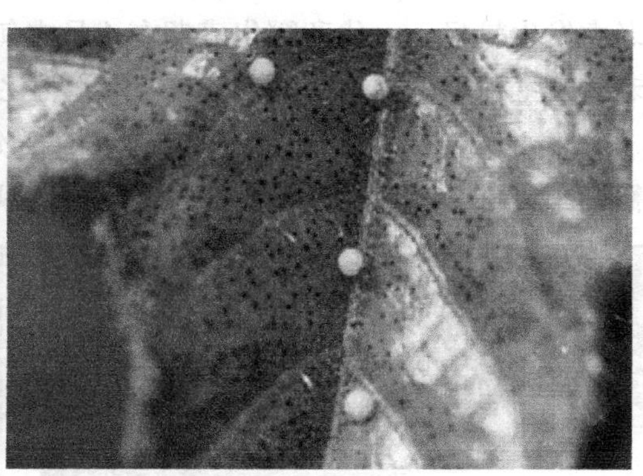

图4-50 棉铃虫

2）棉蚜：棉蚜俗称腻虫，为世界性棉花害虫，如图4-51所示。中国各棉区都有发生，是棉花的苗期的重要虫害之一。寄主除棉花外还有石榴、花椒、木槿、瓜类。

图4-51 棉蚜

形态特征：体长1.6mm，茶褐色，触角5节，无翅。无翅胎生雌蚜体长1.5～1.9mm，体色有黄、青、深绿、暗绿等色，触角长约为体长之半，触角第3节无感觉圈，第5节有1个，第6节膨大部有3～4个。复眼暗红色。腹管较短，黑青色。尾片青色，两侧各具刚毛3根，体表为白蜡粉。有翅胎生雌蚜大小与无翅胎生雌蚜相近，体黄色、浅绿至深绿色。触角较体短，头胸部黑色，两对翅透明，中脉三岔。卵长0.5mm，椭圆形，初产时橙黄色，后变漆黑色，有光泽。无翅若蚜共 4 龄，夏季黄色至黄绿色，春秋季蓝灰色，复眼红色。有翅若蚜也是 4 龄。夏季黄色，秋季灰黄色，2 龄后现翅芽。腹部 1、6 节的中侧和 2、3、4 节两侧各具 1 个白圆斑。

发病特征：棉蚜以刺吸口器刺入棉叶背面或嫩头，吸食汁液。苗期受害，棉叶卷缩，开花结铃期推迟；成株期受害，上部叶片卷缩，中部叶片现出油光，下位叶片枯黄脱落，叶表有蚜虫排泄的蜜露，易诱发霉菌滋生。蕾铃受害，易落蕾，影响棉株发育。棉花受害后，植株矮小、叶片变少、叶数减少、现蕾退迟，吐絮延迟。

主要防治时期：苗蚜 3 片真叶前，卷叶株率 5% ～ 10%，4 片真叶后卷叶率 10% ～ 20%，伏蚜卷叶率 5% ～ 10%，及时喷药防治。

参考用药：4.5% 的高效氯氟氰菊酯、22% 的噻虫高氯氟微囊悬浮剂等。

3）棉花棉田地老虎：

发病特征：一是幼芽在土中被幼虫（见图 4-52）吃掉，棉籽被吃空，造成缺苗断垄；二是子叶受害，子叶被咬成很多孔洞或缺刻；三是棉苗生长点被吃断，形成多头棉，开花结铃少且迟。四是棉苗基部被咬断，断苗茎叶被幼虫拖至土穴中，造成缺苗断垄。

主要防治时期：年生 3 ～ 4 代，主要是小地老虎和黄地老虎，以一代幼虫为害棉苗。小地老虎发生较早，一代卵孵化盛期在 4 月中旬，4 月下旬～ 5 月中旬进入幼虫为害盛期。黄地老虎发生稍迟，于 5 月中旬进入一代卵孵化盛期，5 月中下旬～ 6 月中旬进入幼虫为害期。

参考用药：出苗期定苗前新被害株 10%、定苗后新被害株 5%时，及时喷洒 2．5%溴氰菊酯乳油 2 000 倍液或 50%甲胺磷乳油 1 500 倍液。

图 4-52　棉花棉田地老虎

9．棉花病害

1) 棉花轮纹病：又称黑斑病。主要发生在 1 ～ 2 片真叶期，为害子叶和真叶，如图 4-53 所示。

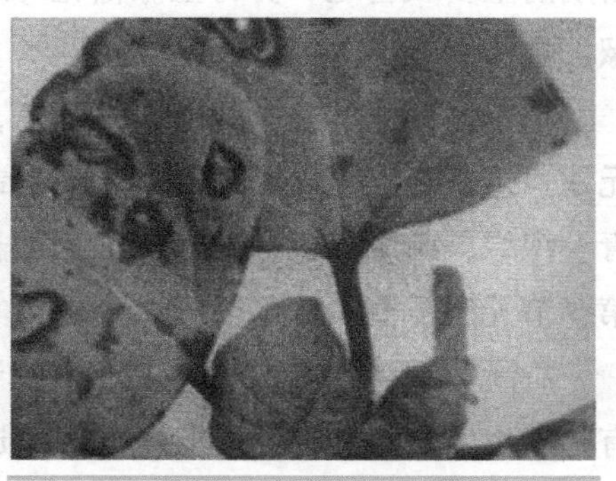

图 4-53　棉花轮纹病

发病特征：子叶染病主要在未展开的粘结处或夹壳损伤处生出墨绿色霉层。子叶展平后染病，初生红褐色小圆斑，后扩展成不规则形至近圆形褐色斑，有的出现不明显的轮纹。湿度大时，病斑上长出墨绿色霉层，严重的每张叶片上病斑多至数十个，造成子叶枯焦脱落。真叶染病与子叶上症状相似，但病斑较大，四周有紫红色病变。受伤时染病，病斑形状不规则，枯斑四周出现紫红色边缘。幼苗茎部或叶柄染病产生长椭圆形褐色凹陷斑，造成叶片凋落，苗子干枯而死。

参考用药：棉籽播种后病叶及棉籽上的分生孢子借气流或雨水溅射传播，从伤口或直接侵入。早春气温低、湿度高易发病。当气温从 20℃突然下降至 6 ～ 10℃，又有降雨，相对湿度高于 75%，就能普遍发病。棉花生长后期，植株衰弱，遇有秋雨连绵也会出现发病高峰。发病初期及时喷洒 70% 代森锰锌可湿性粉剂 500 倍液或 75% 百菌清悬浮剂 500 倍液、80% 喷克可湿性粉剂 600 倍液、50% 石硫合剂 400 倍液。

2）棉花棉苗炭疽病：

发病特征：苗期、成株期均可发病，如图 4-54 所示。苗期染病发芽后出苗前受害可造成烂种，出苗后茎基部发生红褐色绷裂条斑，扩展缢缩造成幼苗死亡，潮湿时病斑上产生橘红色粘状物（病菌分生孢子）。子叶边缘出现圆或半圆形黄褐斑，后干燥脱落使子叶边缘残缺不全。棉铃染病初期呈暗红色小点，扩展后呈褐色病斑，病部凹陷，内有橘红色粉状物即病菌分生孢子，严重时全铃腐烂，不能开裂，纤维变成黑色僵瓣。叶部病斑不规整近圆形，易干枯开裂。茎部病斑为红褐至暗黑色，长圆形，中央凹陷，表皮破裂常露出木质部，遇风易折。生产上后期棉铃染病受害重，损失很大。

病菌分生孢子在棉籽上可存活 1 ～ 3 年，由于棉籽发芽始温与孢子萌发始温均在 10℃左右，棉籽发芽时病菌很易侵入，以后病部产生分生孢子借风雨、昆虫及灌溉水等扩散传播。棉铃染病病菌侵入棉籽，带菌率 30% ～ 80%。发病的叶、茎及铃落入土中，造成土壤带菌，既可引发苗期发病，又可经雨水冲溅侵染棉铃，引起棉铃发病。

参考用药：发病初期喷洒 70% 甲基硫菌灵（甲基托布津）可湿性粉剂 800 倍液或 70% 百菌清可湿性粉剂 600 ～ 800 倍液、70% 代森锰锌可湿性粉剂 400 ～ 600 倍液、50% 苯菌灵可湿性粉剂 1 500 倍液、25% 炭特灵可湿性粉剂 500 倍液。

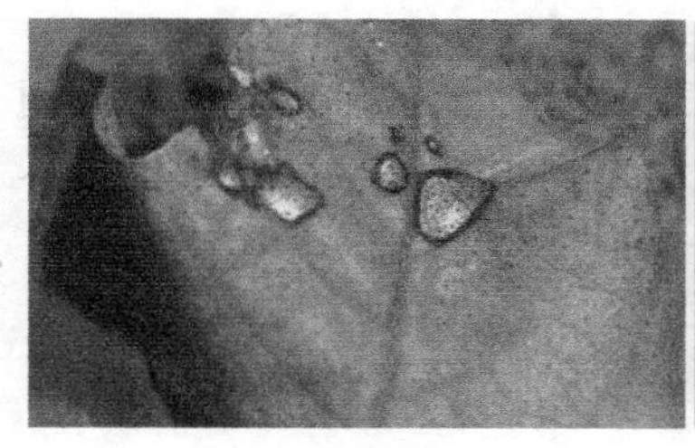
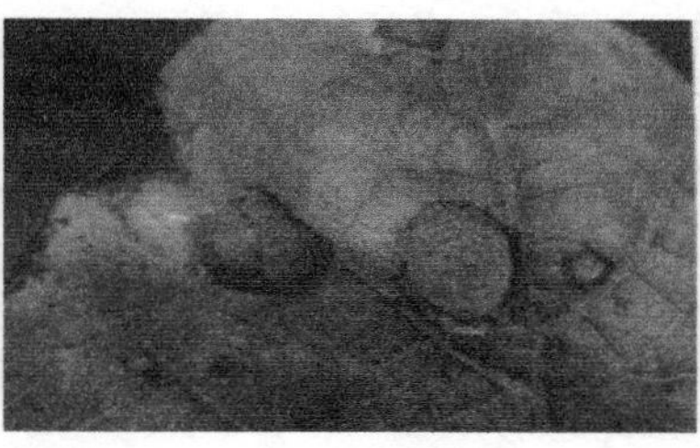
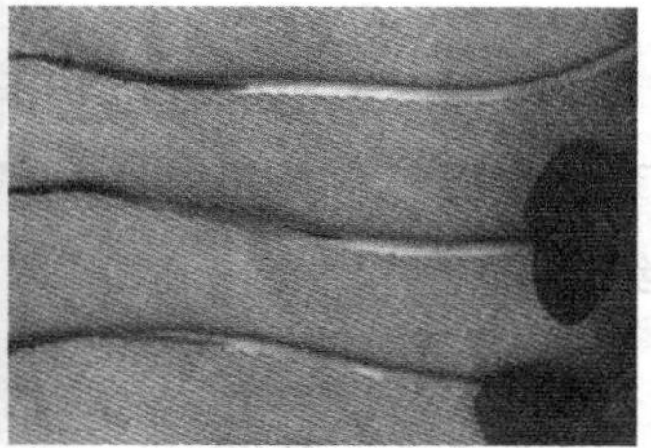

图 4-54　棉花棉苗炭疽病

3）棉花棉茎枯病：

发病特征：东北棉区、黄河流域及长江流域、沿江、沿海棉区发生较重，如图 4-55 所示。棉花整个生育期均可发病，苗期、蕾期受害重。子叶、真叶染病初生边缘出现紫红色、中间出现灰白色小圆斑，后病斑扩展或融合成不规则形病斑。病斑中央有的出现同心轮纹，其上散生黑色小粒点，即病原菌的分生孢子器。病部常破碎散落，湿度大时，幼嫩叶片出现水浸状病斑，后扩展迅速似开水烫过，萎蔫变黑，严重的干枯脱落，变为光秆而枯死。叶柄、茎部染病病斑中央浅褐色，四周紫红色，略凹陷，表面散生小黑点，严重的茎枝枯折或死亡。棉铃染病病斑与茎上症状相似，中间颜色较深，黑色。湿度大时病斑扩散迅速，致棉铃成为僵瓣，铃开裂不全或不开裂。出苗期、现蕾期气温稳定在20℃以上，连阴雨持续3～4天，在3～5天内该病可能发生或流行。生产上气温低、降雨多时常引发该病大规模发生。棉蚜为害严重的棉田，发病情况严重，连作、管理粗放的棉田发病情况也很严重。

参考用药：防治该病应结合治蚜，预测该病在雨后1～3天将会流行，且蚜虫数量大时，喷洒1：1：200倍式波尔多液或70%代森锰锌可湿性粉剂500倍液、50%苯菌灵可湿性粉剂1 500倍液，并在上述药液中加入50%乐果乳油或80%敌敌畏乳油1 000倍液，兼治棉蚜。

图4-55 棉花棉茎枯病

4.4 常见喷洒系统

植保无人机的核心在于植保，喷洒系统是植保得以实现的基础。植保无人机的喷洒系统主要包含药箱、水泵、喷头、喷嘴和药管五部分。下面对药箱、水泵、喷头进行介绍讲解。

4.4.1 药箱

药箱的主要结构如下：

1）灌药口：用来加灌农药。

2）箱体：储存药液，搅拌药液，药量报警。

3）出药口：与水泵相连接，输出药液。

4）传输管路：连接各部件，形成传输系统。

4.4.2 水泵

水泵是植保无人机喷洒系统的动力来源，目前主流的水泵类型是电动隔膜自吸压力泵，如图 4-56 所示。

图 4-56 水泵

主要参数如下：

1）输入电压：一般以直流电（DC）供电，植保无人机多以 DC 12V/24V 给水泵供电。

2）功率：植保无人机水泵功率一般在 40 ～ 60W 之间，因为水泵电源取自动力电，所以选择适当的水泵功率有助于节省电量。

3）开口流量：在出水口口径一定的情况下，每分钟的流量，单位为 L/min。

4）扬程：泵输送的单位质量液体从泵的入口至出口所获得的能量增量。

水泵工作示意图如图 4-57 所示。

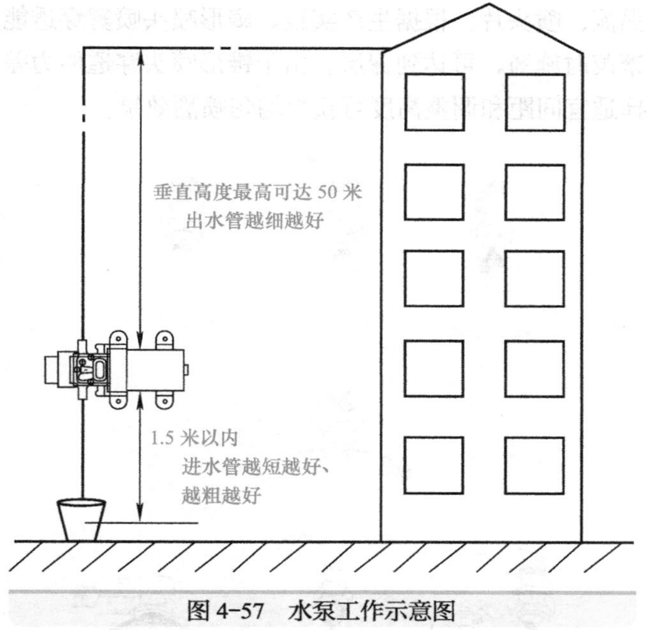

图 4-57 水泵工作示意图

4.4.3 喷头

喷头按输出方式可分为压力喷头和离心喷头。二者的区别是压力喷头结构简单、价格较低、易于保养维修、液滴穿透力强，如图 4-58 所示。由于压力喷头的流量随压力变化的范围比较小，根据无人机的速度控制流量的效果就不明显。离心式喷头结构复杂、价格较高，如图 4-59 所示。液体以四周运动为主，缺少下压力，可以根据无人机的速度调节流量，但离心式喷头由于高速旋转，农药雾滴比较细，容易发生漂移和蒸发，因此具体选择什么喷洒系统还需要根据用户的实际情况和所使用的农药特性。目前植保无人机使用比较普遍的是压力喷头，因为压力喷头易于保养，适应植保作业环境，且药液穿透力强，有助于增强药效。

图 4-58　压力喷头

图 4-59　离心喷头

喷头按喷出形状可以分为扇形喷头和锥形喷头，如图 4-60 所示。

扇形喷头包括喷头体、柱型防后滴过滤器、喷嘴、喷头帽。锥形喷头包括喷头体、柱型防后滴过滤器、涡流、喷头片。根据生产实践，扇形喷头喷雾穿透能力较强，在作物、果树、蔬菜的生长繁茂时施药，可达到深层。由于锥形喷头穿透能力差，植保无人机适宜选用扇形喷头，选择适宜间距和调整高度可获得均匀喷洒效果。

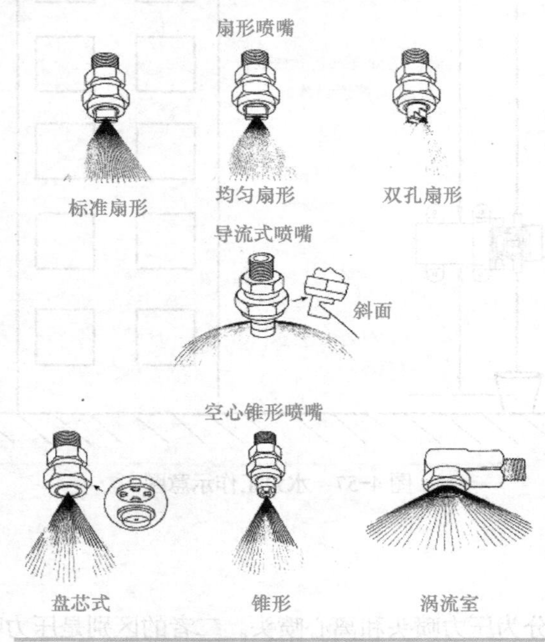

图 4-60　扇形喷头与锥形喷头

4.4.4 喷嘴

(1) 喷嘴型号

喷嘴的型号标示在喷嘴的喷嘴口上，型号标示如图 4-61 所示。

图 4-61 中第一行前两个字母代表喷嘴类型，图中 XR 是该品牌喷嘴的特有型号，此外喷嘴的类型按喷洒雾滴尺寸分类还有极细 XF、非常细 VF、细 F、中等 M、粗 C、非常粗 VC、极粗 XC7。第一行后段字母代表商标名称。第二行前三个数字代表该喷头的喷雾角度，第四和第五个数字代表固定压力下的喷洒流量。第二行第一个字母代表使用流量——颜色识别编码，第二行最后一个字母代表材质。

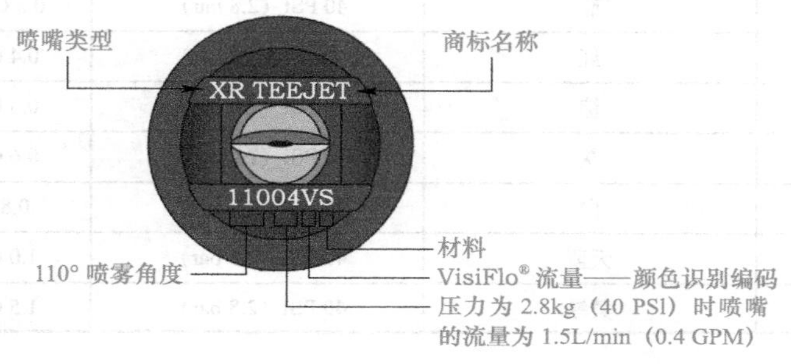

图 4-61 喷嘴型号

(2) 喷嘴材料

目前市面上的喷嘴按材料分类一般有陶瓷、不锈钢、聚合物、黄铜，对应代码如图 4-62 所示。陶瓷的抗磨损性能优良，耐磨性和耐腐蚀性很强。不锈钢的抗磨损性能好，耐化学性优良，喷孔耐用。聚合物的抗磨损性能好，耐化学性好，清理不当喷孔易受损。黄铜的抗磨损性能差，易被腐蚀。目前植保无人机使用的材料多以聚合物为主，因为聚合物的材料价格相对便宜，抗磨性能好，质量轻。

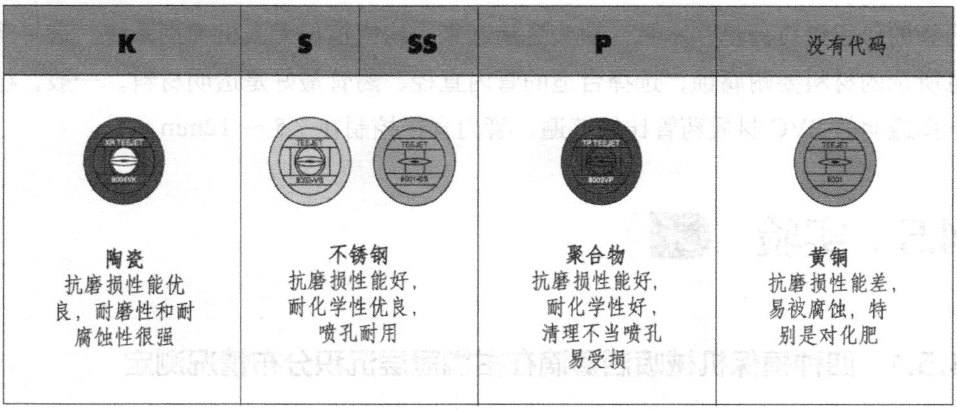

K	S	SS	P	没有代码
XR TEEJET 8004VK	TEEJET 8002-VS	TEEJET 8001-SS	TP TEEJET 8003VP	TEEJET 8001
陶瓷 抗磨损性能优良，耐磨性和耐腐蚀性很强	不锈钢 抗磨损性能好，耐化学性优良，喷孔耐用		聚合物 抗磨损性能好，耐化学性好，清理不当喷孔易受损	黄铜 抗磨损性能差，易被腐蚀，特别是对化肥

图 4-62 喷嘴材料

(3) 喷嘴流量

喷嘴流量通常用流量——颜色编码来表示，见表 4-2。喷嘴流量主要受相应压力的影响，植保无人机因为其自身的特点可实现超低量喷洒，选择的流量一般在 0.15GPM(0.55 L/min) ～ 0.25GPM(0.95L/min)。

表 4-2 流量——颜色识别编码

流量——颜色编码	颜　色	管 道 压 力	单只喷嘴流量
01	桔红	40 PSI（2.8 bar）	0.1 GPM（0.4 L/min）
015	绿	40 PSI（2.8 bar）	0.15 GPM（0.55 L/min）
02	黄	40 PSI（2.8 bar）	0.2 GPM（0.75 L/min）
025	紫	40 PSI（2.8 bar）	0.25 GPM（0.95 L/min）
3	蓝	40 PSI（2.8 bar）	0.3 GPM（1.15 L/min）
04	红	40 PSI（2.8 bar）	0.4 GPM（1.5 L/min）
05	棕	40 PSI（2.8 bar）	0.5 GPM（1.9 L/min）
06	灰	40 PSI（2.8 bar）	0.6 GPM（2.3 L/min）
08	白	40 PSI（2.8 bar）	0.8 GPM（3 L/min）
10	天蓝	40 PSI（2.8 bar）	1.0 GPM（3.8 L/min）
15	黄绿	40 PSI（2.8 bar）	1.5 GPM（5.7 L/min）

（4）亩喷洒量

因为现在植保无人机具有流量计，可以根据需行流量设置。植保无人机流量选择的计算参考公式如下：

$$Y=(667\times a\times c)/b$$

式中，Y 是需要对流量计设置的参数；a 是目标亩作业量（mL/ 亩）；b 是植保无人机喷幅（m）；c 是植保无人机的飞行速度（m/min）。

4.4.5 药管

药管的作用是将药箱、水泵、喷头连接起来，构成植保无人机喷洒系统。选择药管时应注意所选的材料要耐腐蚀，选择合适的管内直径，药管最好是透明材料。一般，植保无人机选择透明的 PVC 材质药管比较普遍，管内直径控制在 7.5 ～ 12mm。

4.5 实验

4.5.1 四种植保机械喷洒雾滴在柑橘冠层沉积分布情况测定

1．实验材料

北方天途航空电动八旋翼无人机（简称天途无人机）（见图 4-63）、黑蜻蜓电动四轴八旋翼无人机（简称黑蜻蜓无人机）、背负式电动喷雾器（见图 4-64）、担架式动力喷雾器、风速仪（北京中西远大科技有限公司）、温湿度仪（深圳华图电气有限公司）、测试架、夹子、扫描仪（上海中晶科技有限公司）、卡罗米特纸卡（中国农业科学院植物保护研究所）、农药喷雾指示剂诱惑红（浙江吉高德色素科技有限公司）、培养皿、自封袋、剪刀、便携式电子秤、注射器、滤膜等。

图 4-63　天途 M8A 植保无人机

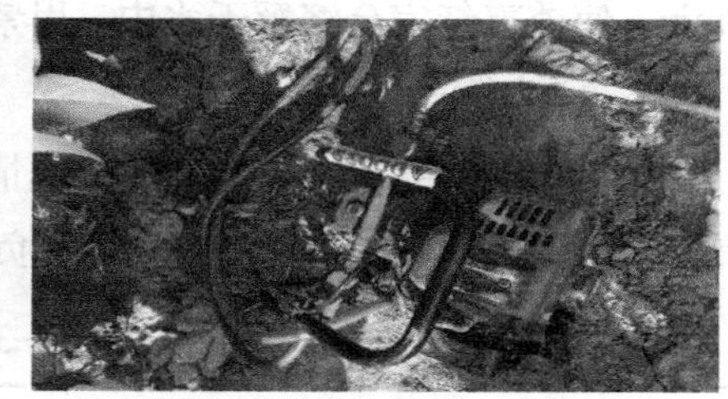

图 4-64　背负式电动喷雾器

2．实验条件

喷雾时间：2016 年 8 月 17 日；

实验地点：江西省九江市；

经纬度：东经：116° 15′20.90″，北纬：29° 19′34.38″；

环境温度：36.9 ～ 38.4℃；

环境湿度：46.2% ～ 65.5%；

风速：0.5 ～ 1.5m/s；

实验对象：柑橘；

作物高度：1.5m；

叶面积指数：0.7 ～ 1.3。

3．实验方法

准确称取诱惑红（精确至 0.000 2g）于 10mL 容量瓶中，用蒸馏水定容，即得到质量浓度分别为 0.5mg/L、1.0mg/L、5.0mg/L、10.0mg/L 和 20.0mg/L 的诱惑红标准溶液。分别用紫外分光光度计于波长 514nm 处测定其吸光度值，每个浓度连续测定 3 次。取吸光度的平均值对诱惑红标准溶液浓度作标准曲线。

在进行田间小区实验时，不同喷雾处理在各小区柑橘树上形成不同的雾滴密度以及沉积分布。喷雾开始前，分别在 4 棵柑橘树上布置卡罗米特试纸，分别布置到柑橘树冠层的上部和下部等不同位置，喷雾结束后记录纸卡上每平方厘米的雾滴数，即为雾滴密度（个 /cm^2）。

实验开始前，将一定量的诱惑红作为指示剂加入到配置好的药液中，药液中添加的诱惑红的量为 30g/L。田间小区实验结束 30min 后，按照卡罗米特试纸布置的位置，每点摘取 5 片柑橘树叶，放入自封袋中，进行药液沉积分布的测定。测定时向自封袋中加入 20mL 蒸馏水，震荡洗涤 10min，计算洗涤液中诱惑红的质量浓度和诱惑红在柑橘树冠层中的沉积分布情况。

田间小区实验结束 30min 后，在布置卡罗米特试纸的位置取 10 个柑橘枝条，分别是冠层上部的东、西、南、北、中五点，下部冠层同上部。将每点的柑橘枝条放入自封袋内，进行药液有效沉积率的测定与计算。测定时向自封袋中加入 200mL 蒸馏水，震荡洗涤 10min，使诱惑红完全溶解于水中。用紫外分光光度计测定洗涤液在 514nm 处的吸光度值。

4. 实验结果

实验共分为 4 个处理，具体处理情况见表 4-3，处理 1 ～ 4 分别对应天途无人机、黑蜻蜓无人机、担架式动力喷雾机和背负式电动喷雾器。

表 4-3 不同实验处理情况

实验处理	处理的柑橘树数 / 棵	喷液药量 /L	喷头类型	喷雾方式
处理 1	15	2	扇形喷头	天途无人机
处理 2	15	2	扇形喷头	黑蜻蜓无人机
处理 3	15	6	圆锥式喷头	担架式动力喷雾机
处理 4	15	6	圆锥式喷头	背负式电动喷雾器

四种不同的植保机械的雾滴粒径见表 4-4，分析可知担架式动力喷雾机和背负式电动喷雾器的单位面积的施药液量大，雾化喷头都为圆锥形喷头，雾化效果不好，雾滴粒径太大，分别达到了 3 215.2μm 和 3 652.3μm。无人机喷雾处理作为超低量喷雾，单位面积的施药液量小，其雾化喷头为扇形喷头，雾化效果较好。天途无人机喷雾处理的雾滴粒径为 173.5μm，黑蜻蜓无人机喷雾处理的雾滴粒径为 179.3μm。根据生物最佳粒径理论（即最易被生物体捕获并能取得最佳防治效果的农药雾滴粒径或尺度被称为生物最佳粒径），对于飞行昆虫而言，生物最佳粒径为 10 ～ 50μm，对作物叶面爬行类害虫幼虫，生物最佳粒径为 30 ～ 150μm，对植物病害和杂草的生物最佳粒径分别为 30 ～ 150μm 和 150 ～ 300μm。对于本实验的防治目的来说，30 ～ 150μm 的雾滴理论上会有更好的防治效果。

表 4-4 不同植保机械的雾滴粒径情况

植保机械	天途无人机	黑蜻蜓无人机	担架式动力喷雾机	背负式电动喷雾器
DV50（μm）	173.5	179.3	3 215.2	3 652.3

两种无人机在柑橘树不同位置的雾滴沉积密度情况见表 4-5。天途无人机喷雾处理区在柑橘树冠层上部外部的为 80.7 个 /cm^2，变异系数为 33.3%，在柑橘树冠层上部内部的为 101.4 个 /cm^2，变异系数为 51.5%，在柑橘树冠层上部中心的为 102.3 个 /cm^2；在柑橘树冠层下部外部的为 71.0 个 /cm^2，变异系数为 15.3%，在柑橘树冠层上部内部的为 92.8 个 /cm^2，变异系数为 29.7%，在柑橘树冠层下部中心的为 132.0 个 /cm^2。黑蜻蜓无人机喷雾处理区在柑橘树冠层上部外部的为 45.2 个 /cm^2，变异系数为 63.2%，在柑橘树冠层上部内部的为 31.9 个 /cm^2，变异系数为 88.2%，在柑橘树冠层上部中心的为 59.5 个 /cm^2；在柑橘树冠层下部外部的为 46.8 个 /cm^2，变异系数为

73.7%，在柑橘树冠层上部内部的为 29.1 个 /cm^2，变异系数为 51.8%，在柑橘树冠层下部中心的为 64.0 个 /cm^2。

表 4-5　柑橘树不同位置的雾滴沉积密度情况

	天途无人机处理		黑蜻蜓无人机处理	
	雾滴密度 / （个 /cm^2）	变异系数 /%	雾滴密度 / （个 /cm^2）	变异系数 /%
上部外部	80.7	33.3	45.2	63.2
上部内部	101.4	51.5	31.9	88.2
上部中心	102.3	——	59.5	——
下部外部	71.0	15.3	46.8	73.7
下部内部	92.8	29.7	29.1	51.8
下部中心	132.0	——	64.0	——

由于雾滴密度受到药液量的影响，随着飞行速度的增加，雾滴沉积到作物上的雾滴密度会减少。当飞行速度为 5m/s 左右时基本能达到田间的喷雾要求，但是也受到病虫害种类的影响，当病虫害发病较重时，应当适当降低飞行速度的增加雾滴在作物上的沉积量。

无人机喷洒雾滴在柑橘树冠层的沉积分布情况见表 4-6。天途无人机喷雾处理区在柑橘树冠层上部的沉积量为 4.53μg/cm^2，变异系数为 24.9%；在柑橘树冠层下部的沉积量为 1.05μg/cm^2，变异系数为 43.1%。在地面外部的沉积量为 2.46μg/cm^2，变异系数为 77.5%；在地面内部的沉积量为 2.65μg/cm^2，变异系数为 32.9%。黑蜻蜓无人机喷雾处理区在柑橘树冠层上部的沉积量为 3.81μg/cm^2，变异系数为 101.3%；在柑橘树冠层下部的沉积量为 2.23μg/cm^2，变异系数为 126.3%。在地面外部的沉积量为 9.58μg/cm^2，变异系数为 35.6%；在地面内部的沉积量为 2.98μg/cm^2，变异系数为 42.3%。担架式动力喷雾机喷雾处理区在柑橘树冠层上部的沉积量为 7.08μg/cm^2，变异系数为 26.1%；在柑橘树冠层下部的沉积量为 5.61μg/cm^2，变异系数为 27.6%。在地面外部的沉积量为 3.07μg/cm^2，变异系数为 30.1%；在地面内部的沉积量为 2.95μg/cm^2，变异系数为 60.9%。背负式电动喷雾器喷雾处理区在柑橘树冠层上部的沉积量为 5.88μg/cm^2，变异系数为 18.1%；在柑橘树冠层下部的沉积量为 2.92μg/cm^2，变异系数为 49.3%。在地面外部的沉积量为 4.24μg/cm^2，变异系数为 27.0%；在地面内部的沉积量为 4.58μg/cm^2，变异系数为 4.0%。

表 4-6　无人机喷洒雾滴在柑橘树冠层的沉积分布情况

沉积量分布 / （μg/cm^2）	天途无人机处理	黑蜻蜓无人机处理	担架式动力喷雾机处理	背负式电动喷雾器处理
上部	4.53	3.81	7.08	5.88
变异系数 /%	24.9	101.3	26.1	18.1
下部	1.05	2.23	5.61	2.92
变异系数 /%	43.1	126.3	27.6	49.3
地面外部	2.46	9.58	3.07	4.24
变异系数 /%	77.5	35.6	30.1	27.0
地面内部	2.65	2.98	2.95	4.58
变异系数 /%	32.9	42.3	60.9	4.0

不同处理条件下，雾滴有效沉积率的情况见表4-7。

表4-7 雾滴有效沉积率

	天途无人机处理	黑蜻蜓无人机处理	担架式动力喷雾机处理	背负式电动喷雾器处理
有效沉积率 / %	33.4	38.3	19.4	27.7
变异系数 / %	34.6	23.3	56.3	42.3

天途无人机喷雾处理区的农药的有效沉积率为33.4%，变异系数为34.6%；黑蜻蜓无人机喷雾处理区的农药的有效沉积率为38.3%，变异系数为23.3%；背负式电动喷雾器喷雾处理区的农药的有效沉积率为19.4%，变异系数为56.3%；担架式动力喷雾机喷雾处理区的农药的有效沉积率为27.7%，变异系数为42.3%。

实验情况如图4-65所示。

图4-65 实验图片

5. 结果分析

不同植保机械以及喷雾方式影响药剂在靶标上的沉积。无人机施药液量较小，雾滴流失较少，药剂在靶标上的沉积量高，天途无人机和黑蜻蜓无人机的沉积率分别为33.4%和38.3%；本次实验担架式动力喷雾机的施药液量过大，导致药剂在靶标上的流失严重，在柑橘树上的沉积率仅为19.4%，背页式电动喷雾器的沉积率为27.7%，小于无人机。

雾滴密度受到施液药量的影响。施液药量越大，雾滴密度越大，一般来说雾滴密度增加，雾滴覆盖率较大，有利于提高防治效果。但是雾滴密度过大会导致药液流失，不利于药剂沉积到靶标上，反而影响防治效果，同时会引起对环境的污染，降低施药效率等。

由本实验得出，用无人机对柑橘树喷洒农药，作业效率会大大提高。由于柑橘树在山上种植，以往果农背着药桶去山上施药，作业效率低、作业效果不好，用无人机喷洒农药可以极大地方便果农，与常规的背负式电动喷雾器和担架式动力喷雾机相比是值得推荐的新型植保机械。

4.5.2 四种植保机械喷洒雾滴在水稻冠层沉积分布情况测定

1．实验材料

北方天途航空电动八旋翼无人机、黑蜻蜓电动四轴八旋翼无人机、背负式电动喷雾器、担架式动力喷雾机、风速仪（北京中西远大科技有限公司）、温湿度仪（深圳市华图电气有限公司）、测试架、夹子、扫描仪（上海中晶科技有限公司）、卡罗米特纸卡（中国农业科学院植物保护研究所）、25% 吡蚜酮悬浮剂（江苏克胜集团股份有限公司）、农药喷雾指示剂诱惑红（浙江吉高德色素科技有限公司）、麦拉片、自封袋、剪刀、便携式电子秤、注射器、滤膜等。

2．实验条件

喷雾时间：2016 年 8 月 17 日；

试验地点：江西省九江市都昌县植保站观测站；

经纬度：东经 116° 15′20.90″，北纬 29° 19′34.38″；

环境温度：36.9 ～ 38.4℃；

环境湿度：42.2% ～ 67.5%；

风速：1.6m/s；

试验对象：水稻；

种植密度：78 穴 /m^2，6.7 株 / 穴；

作物高度：0.93 ～ 1.03m；

作物品种：黄华粘；

生长时期：孕穗初期；

指示剂：诱惑红。

3．实验方法

准确称取诱惑红（精确至 0.000 2g）于 10mL 容量瓶中，用蒸馏水定容，即得到质量浓度分别为 0.5mg/L、1.0mg/L、5.0mg/L、10.0mg/L 和 20.0mg/L 的诱惑红标准溶液。分别用紫外分光光度计于波长 514nm 处测定其吸光度值，每个浓度连续测定 3 次，取吸光度平均值对诱惑红标准溶液浓度作标准曲线。

（1）雾滴密度分布情况

在进行田间小区试验时，不同喷雾处理在各小区水稻植株上形成不同的雾滴密度以及沉积分布。喷雾开始前，分别在试验处理区与喷雾带相垂直的线上，将试验杆从喷幅中心线向两边各布置 4 点，每点间隔 1m，如图 4–66 所示，同时将卡罗米特纸卡和麦拉片分别布置到水稻附近试验杆的上部和下部等不同位置以模拟水稻的不同位置，如图 4-67 所示，喷雾结束后计数纸卡上每平方厘米的雾滴数，即为雾滴密度（个 /cm²）。

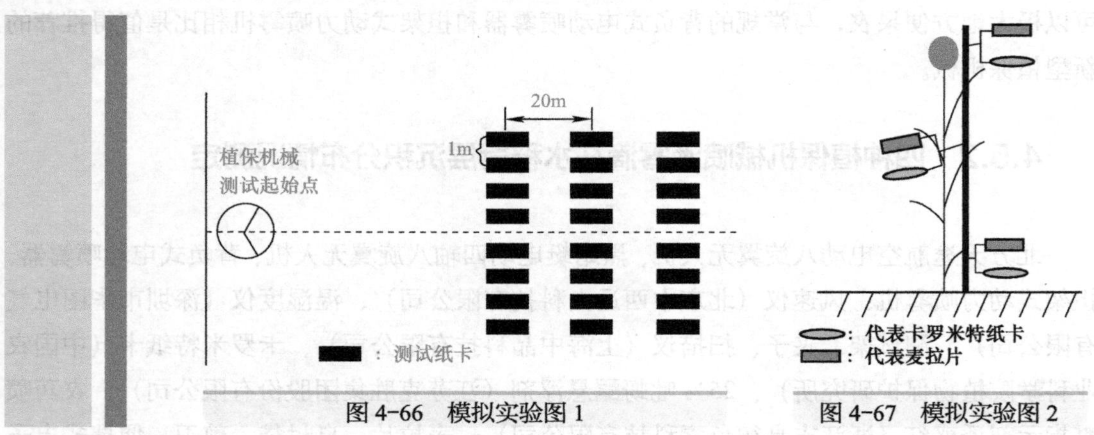

图 4-66　模拟实验图 1　　图 4-67　模拟实验图 2

（2）雾滴沉淀分散的规定

实验开始前，将一定量的诱惑红作为指示剂加入到配置好的药液中，药液中添加的诱惑红的量为 450g/hm²。田间小区实验结束 30min 后，收集实验麦拉片，放入自封袋中，进行药液沉积分布的测定。测定时向自封袋中加入 5mL 蒸馏水，震荡洗涤 10min，根据测定的标准曲线计算洗涤液中诱惑红的质量浓度，计算诱惑红在水稻植株上的沉积分布情况。

田间小区实验结束 30min 后，在布置实验杆的位置取整株水稻苗，共取 24 点，每点取水稻苗 10 株，将每点的水稻放入自封袋内，进行药液沉积量的测定与计算。测定时向自封袋中加入 50mL 蒸馏水，震荡洗涤 10min，使诱惑红完全溶解于水中。用紫外分光光度计测定洗涤液在 514nm 处的吸光度值（A）。

根据预先测定的诱惑红的质量浓度与吸光值的标准曲线，计算洗涤液中诱惑红的质量浓度，继而计算每点的诱惑红总沉积量。随机选取 10 个 1m² 的实验范围，调查该范围内的水稻株数，计算平均数，通过试验面积除以水稻株数即可得到每株水稻所占的面积。通过计算单位面积的施药量乘以每株水稻的面积即可得到每株水稻的理论施药量，最后计算出水稻田喷雾雾滴的有效沉积率。

4．实验结果

实验共分为 4 个处理，处理情况见表 4-8，处理 1 ～ 4 分别为天途无人机、黑蜻蜓无人机、背负式电动喷雾器和担架式动力喷雾机。

表 4-8　不同实验处理情况

试验处理	施药面积 /m²	用药量 /g	喷头类型	喷雾方式
处理 1	1 400	50.4	扇形喷头	天途无人机
处理 2	1 541	55.4	扇形喷头	黑蜻蜓无人机
处理 3	275	9.9	圆锥式喷头	背负式电动喷雾器
处理 4	462	16.6	圆锥式喷头	担架式动力喷雾机

四种不同的植保机械的雾滴粒径见表4-9，分析可知担架式动力喷雾机和背负式电动喷雾器的单位面积的施药量大，雾化喷头都为圆锥形喷头，雾化效果不好，雾滴粒径太大，分别达到了3 539.9μm和4 431.9μm。无人机喷雾处理作为超低量喷雾，单位面积的施药液量小，其雾化喷头为扇形喷头，雾化效果较好。天途无人机喷雾处理的雾滴粒径为232.7μm，黑蜻蜓无人机喷雾处理的雾滴粒径为206.4μm。根据生物最佳粒径理论，对于本实验防治目的来说，30～150μm的雾滴理论上会有更好的防治效果。

表4-9 不同植保机械的雾滴粒径情况

	天途无人机	黑蜻蜓无人机	担架式动力喷雾机	背负式电动喷雾器
DV50（μm）	232.7	206.4	3 539.9	4 431.9

两种无人机在水稻不同位置的雾滴沉积密度情况见表4-10。天途无人机喷雾处理区在水稻冠层上部的为129.5个/cm^2，变异系数为42.2%，在水稻冠层下部的雾滴密度为44.3个/cm^2，变异系数为30.7%；黑蜻蜓喷雾处理区在水稻冠层上部的为79.3个/cm^2，变异系数为28.6%，在水稻冠层下部的雾滴密度为26.6个/cm^2，变异系数为10.5%。由于雾滴密度受到药液量的影响，随着飞行速度增加，雾滴沉积到作物上的雾滴密度会减少。当飞行速度为5m/s左右时基本能达到田间的喷雾要求，但是也受到病虫害种类的影响，当病虫害发病较重时，应当适当降低飞行速度以增加雾滴在作物上的沉积量。

表4-10 水稻不同位置的雾滴沉积密度情况

	天途无人机处理		黑蜻蜓无人机处理	
	雾滴密度/（个/cm^2）	变异系数/%	雾滴密度/（个/cm^2）	变异系数/%
上部	129.5	42.2	79.3	28.6
下部	44.3	30.7	26.6	10.5

无人机喷洒雾滴在水稻冠层的沉积分布情况见表4-11。天途无人机喷雾处理区在水稻冠层上部的沉积量为2.06μg/cm^2，变异系数为36.8%；在水稻冠层下部的沉积量为0.56μg/cm^2，变异系数为37.5%。黑蜻蜓无人机喷雾处理区在水稻冠层上部的沉积量为0.89μg/cm^2，变异系数为32.1%；在水稻冠层下部的沉积量为0.30μg/cm^2，变异系数为10.8%。分析实验结果得知，天途无人机处理后的上部和下部沉积量均大于黑蜻蜓无人机。

表4-11 无人机喷洒雾滴在水稻冠层的沉积分布情况

沉积量分布/（μg/cm^2）	天途无人机处理		黑蜻蜓无人机处理	
	沉积量	变异系数/%	沉积量	变异系数/%
上部	2.06	36.8	0.89	32.1
下部	0.56	37.5	0.30	10.8

不同的植保机械喷雾处理在水稻上的农药的有效沉积率见表4-12。天途无人机喷雾处理区的农药的有效沉积率为62.9%，变异系数为22.3%；黑蜻蜓无人机喷雾处理区的农

药的有效沉积率为44.7%，变异系数为35.1%；背负式电动喷雾器喷雾处理区的农药的有效沉积率为38.2%，变异系数为16.6%；担架式动力喷雾机喷雾处理区的农药的有效沉积率为32.4%，变异系数为9.9%。

表 4-12 雾滴有效沉积率

	天途无人机	黑蜻蜓无人机	担架式动力喷雾机	背负式电动喷雾器
有效沉积率 /%	62.9	44.7	32.4	38.2
变异系数 /%	22.3	35.1	9.9	16.6

实验情况如图 4-68 所示。

图 4-68 实验图片

5．结果分析

不同植保机械以及喷雾方式影响药剂在靶标上的沉积。无人机施药液量较小，雾滴流失较少，药剂在靶标上的沉积量高，天途无人机和黑蜻蜓无人机沉积率分别为62.9%和44.7%；本次实验担架式动力喷雾机的施药液量过大，导致药剂在靶标上的流失严重，在水稻上的沉积率仅为32.4%，电动喷雾器的沉积率为38.2%，小于无人机。背负式电动喷雾器受人员操作的影响较大，喷雾均匀性较差，雾滴沉积波动性较大。

雾滴密度受到施液药量的影响。施液药量越大，雾滴密度越大，一般来说雾滴密度增加，雾滴覆盖率较大，有利于提高防治效果。但是雾滴密度过大会导致药液流失，不利于药剂沉积到靶标上，反而影响防治效果，同时会引起对环境的污染，降低施药效率等。

4.5.3 不同施药器械喷施25%吡蚜酮悬浮剂防治棉花蚜虫效果

1．实验目的

结合农药利用率实验，评价不同施药器械喷施 25% 吡蚜酮悬浮剂对棉花蚜虫的防治效果及其安全性。

2. 实验条件

实验对象：蚜虫。

作物和品种：作物为棉花，品种为鄂杂棉6号。

实验环境：实验在江西省都昌县左里镇旧山村委会陈思村棉田中进行。所选实验田土质较好、灌溉便利、耕作水平中等，实验田棉花为育苗移栽，棉田管理较好，施药时棉花处于花铃期，叶色嫩绿、长势良好。喷药时为棉花蚜虫盛发期，棉田其他病虫害发生较轻。各实验区的肥水管理等条件均一致，且符合当地科学的农业实践。

3. 实验材料

(1) 实验药剂

实验药剂：25%吡蚜酮悬浮剂，江苏克胜集团股份有限公司产品，市售。

(2) 对比实验设计与处理

本实验选用四种不同施药器械进行施药，分别是Tta-M8a天途无人机、大疆无人机MG-1、3WBD-18A电动喷雾器和3WZ-6担架式机动喷雾机，并设置空白对照（不施药）实验，见表4-13。

表4-13　施药器械

处理编号	药剂名称	制剂用量（g/亩）
1	Tta-M8a天途无人机	30
2	大疆无人机MG-1	30
3	3WBD-18A电动喷雾器	30
4	3WZ-6担架式机动喷雾机	30
5	空白对照（不施药）	

4. 实验方法

实验设5个处理，实验棉田约2.8亩，每小区面积0.5亩，空白对照区0.1亩，不设重复，随机排列。

(1) 施药方法

结合农药利用率实验，按实验设计配置好药液，采用当地常用的喷雾法对准棉花茎叶均匀喷雾防治。本实验于8月19日上午，在田间棉花蚜虫发生盛期施药一次，棉花处于花铃期。实验期间没有施用过防病虫害的药剂和其他植物生长调节剂，田间杂草极少。

(2) 气象及土壤资料

1）气象资料：

施药当天（8月19日）为晴天，北风2～3级，气温28～37℃；药后14天一直为晴热高温天气，降雨量极小，气温一般为28～36℃。具体实验期间的天气状况详见表4-14。

表 4-14 实验期间天气情况记录

日期	温度 /℃	相对湿度 /%		降水量 /mm	其他气候因素
	平均	最高	最低		
8 月 19 日	33	37	28	70	晴天，北风 2 ～ 3 级
8 月 20 日	33	37	28	70	晴天，北风 2 ～ 3 级
8 月 21 日	32	36	28	65	晴天，北风 2 ～ 3 级
8 月 22 日	32	36	27	65	晴天，北风 2 ～ 3 级
8 月 23 日	31	35	27	60	晴天，北风 2 ～ 3 级
8 月 24 日	32	36	27	60	晴天，北风 2 ～ 3 级
8 月 25 日	32	36	27	70	晴天，北风 2 ～ 3 级
8 月 26 日	29	32	22	85	阵雨，北风 2 ～ 3 级
8 月 27 日	27	29	22	80	多云，北风 2 ～ 3 级
8 月 28 日	26	31	20	75	晴天，北风 2 ～ 3 级
8 月 29 日	26	31	20	85	晴天，北风 2 ～ 3 级
8 月 30 日	28	32	19	75	晴天，北风 2 ～ 3 级
8 月 31 日	27	31	20	75	晴天，北风 2 ～ 3 级
9 月 1 日	28	32	22	70	晴天，北风 2 ～ 3 级
9 月 2 日	29	33	23	70	晴天，北风 2 ～ 3 级

2）土壤资料：

实验地为壤土，通透性一般，pH 约为 6.9，耕作层深约为 25cm，有机质含量丰富，肥力水平较高，排灌方便，籽棉产量水平约为 280kg/667m^2。

（3）调查安排

1）调查时间和次数：

于药前（8 月 19 日前）定株调查虫量基数，药后 14 天（9 月 2 日）定株调查田间虫量，计算虫口减退率和防治效果，共调查 2 次。

2）调查方法：

采用平行跳跃式取样，每小区定株 5 点取样，每点定 2 株，即每小区定株调查 10 株棉花，记录定株蚜虫数量。

3）药效计算方法：

虫口减退率 =（药前虫量 − 药后虫量）/ 药前虫量 ×100%

防治效果 =（处理区虫口减退率 − 对照区虫口减退率）/（1− 对照区虫口减退率）×100%

5．实验结果

不同施药器械的防治效果见表 4-15。

表 4-15 不同施药器械的防治效果

名称	药剂处理	防治对象	药前基数	药后 14 天残存虫量	防效 /%
Tta-M8a 天途无人机	50% 吡蚜酮	棉花蚜虫	1 440	500	97.12
大疆无人机 MG-1			3 620	480	88.98
3WBD-18A 电动喷雾器			240	20	93.08
3WZ-6 担架式机动喷雾机			1 200	100	93.08
空白对照（CK）			3 540	4 260	

实验期间各药剂处理区的棉田棉花生长正常，与空白对照区一致，没有发现明显的药害，也未见到明显的有益影响。

实验药剂除对棉田棉盲蝽和棉叶蝉有一定防效，未观察到实验药剂对其他病虫草等的明显影响。实验期间未观察到实验药剂对天敌及有益生物有明显影响。

6．结果分析

药剂评价：实验表明，Tta-M8a 天途无人机、大疆无人机 MG-1、3WBD-18A 电动喷雾器和 3WZ-6 担架式机动喷雾机四种不同的喷药器械，喷施 25% 吡蚜酮悬浮剂对棉花蚜虫都有较好的防治效果，并且防效较高，防治效果分别达到 97.12%、88.98%、93.08% 和 93.08%，防效最好的是 Tta-M8a 天途植保无人机，防治效果为 97.12%，3WBD-18A 电动喷雾器和 3WZ-6 担架式机动的防治效果相当，防效均为 93.08%。参试药剂对棉田棉花的棉盲蝽、棉叶蝉有一定的防治效果。

安全性分析：本实验器械和实验药剂对棉花生长安全，对天敌及有益生物未见明显不良影响。

附录

附录A 常用杀虫剂

药剂通用名	作用方式	防治对象	注意事项
		有机磷杀虫剂	
马拉硫磷	触杀、胃毒	叶蝉、蓟马、蚜虫、盲蝽、跳甲、象甲、食心虫等	对蜜蜂高毒
三唑磷	触杀、胃毒	二化螟、稻纵卷叶螟、棉铃虫、卷叶蛾、红蜘蛛、蚜虫等	在作物收获1周前禁用
杀螟硫磷	触杀、胃毒	二化螟、稻纵卷叶螟、棉铃虫、卷叶蛾、茶毛虫、食心虫、蚜虫、跳甲等	不能用于蔬菜、果树
辛硫磷	触杀、胃毒	稻纵卷叶螟、玉米螟、斜纹夜蛾、菜青虫、蓟马、尺蠖、叶蝉、蚜虫、地下害虫、卷叶虫等	光照易分解；瓜、豆、甜菜、玉米对本品敏感，易产生药害；对蜜蜂高毒
氧化乐果	内吸、触杀、胃毒	蚜虫、蓟马、叶蝉、红蜘蛛、梨木虱、盲蝽	啤酒花、菊科植物，部分高粱品种、烟草、枣树、桃、杏、梅、橄榄、无花果、柑橘等作物，对氧化乐果乳剂敏感，使用时要先做药害实验，确定使用浓度
乙酰甲胺磷	内吸、触杀、胃毒	稻纵卷叶螟、斜纹夜蛾、菜青虫、蓟马、尺蠖、叶蝉、蚜虫、地下害虫、卷叶虫等	不宜在桑、茶上使用
二嗪磷	胃毒、触杀、熏蒸	二化螟、三化螟、棉蚜、盲蝽、菜蚜、地下害虫、红蜘蛛	对水敏感，不能用普通塑料瓶装
哒嗪硫磷	胃毒、触杀	二化螟、三化螟、稻纵卷叶螟、粘虫、蚜虫、红蜘蛛、叶蝉、蓟马等	稀释低于500倍时对嫩叶易有药害
丙溴磷	触杀、胃毒	稻纵卷叶螟、稻蓟马、蚜虫、红蜘蛛、棉铃虫	对苜蓿和高粱有药害
敌百虫	胃毒、触杀	二化螟、三化螟、蟒象、天蛾、菜青虫、粘虫、叶甲、造桥虫、瓢虫、地下害虫、松毛虫、尺蠖、食心虫等	玉米、春夏季苹果树对本品较敏感；对高粱、豆科（除大豆外）有药害，不宜施用
敌敌畏	熏蒸、胃毒、触杀	蚜虫、蓟马、叶蝉、盲蝽、玉米螟、食心虫、棉铃虫、菜青虫、白粉虱、卷叶蛾、叶甲、跳甲、茶毛虫、尺蠖、蚊蝇等	高粱、月季花对本品敏感，不宜施用；玉米、豆科、瓜类、蔬菜幼苗及柳树对本品较敏感，易有药害
氯吡硫磷（毒死蜱）	触杀、胃毒、熏蒸	稻纵卷叶螟、稻蓟马、稻叶蝉、蟒象、茶尺蠖、蚜虫、斜纹夜蛾、棉铃虫、红铃虫、小菜蛾、蚊蝇、蟑螂等	对烟草易有药害，不宜施用；对蜜蜂高毒；对鱼虾有毒
甲基对硫磷	触杀、胃毒、熏蒸	稻纵卷叶螟、二化螟、三化螟、地下害虫、麦蚜、粘虫、造桥虫、盲蝽、叶蝉、棉铃虫、金刚钻等	高毒农药，不能在蔬菜、茶树、桑树、烟草、中草药上施用；也不宜在瓜类植物上施用，易有药害

（续）

药剂通用名	作用方式	防治对象	注意事项
有机磷杀虫剂			
甲基异柳磷	胃毒、触杀	地下害虫、蚜虫、粘虫、吸浆虫、叶蝉等	高毒农药，对蜜蜂毒性高；对黄瓜、甜菜、菜豆等易有药害；不能在玉米田喷雾，易有药害
久效磷	内吸、触杀、胃毒	松毛虫、介壳虫、豆荚螟、二化螟、三化螟、叶蝉、食心虫、棉铃虫、红铃虫、稻纵卷叶螟、蚜虫、红蜘蛛等	高毒农药，对蜜蜂、鱼、虾高毒，不能用于蔬菜、高粱
喹硫磷	胃毒、触杀	稻纵卷叶螟、二化螟、三化螟、蚜虫、蓟马、茶尺蠖、红蜡蚧、粘虫、菜青虫、斜纹夜蛾等	蜜蜂和鱼虾对本品敏感
乐果	内吸、胃毒、触杀	稻蓟马、蟒象、粘虫、蚜虫、红蜘蛛、地下害虫等	菊科植物及枣、杏、梅、桃、无花果、烟草、柑橘对本品较敏感
生长调节剂类杀虫剂			
氟虫脲	触杀、胃毒	红蜘蛛、小菜蛾、菜青虫、豆荚螟、食心虫、潜叶蛾等	对幼若螨效果好、成螨较差
除虫脲	胃毒	卷叶蛾、茶毛虫、茶尺蠖、稻纵卷、粘虫、棉铃虫、菜青虫、小菜蛾等	对蚕高毒；幼虫期、卵盛孵期施药效果好
丁醚脲	触杀、胃毒	小菜蛾、红蜘蛛、蚜虫、粉虱、菜粉蝶等	对蜜蜂、鱼有毒
氟铃脲	触杀、胃毒	小菜蛾、斜纹夜蛾、甜菜夜蛾、棉铃虫、稻纵卷叶螟等	对瓜类及蔬菜幼苗期易有药害；对蚕、鱼高毒；幼虫期、卵盛孵期施药效果好
噻嗪酮	触杀、胃毒	飞虱、叶蝉、介壳虫等	药液不应直接接触白菜、萝卜，否则将出现褐斑及绿叶白化等药害；喷药需均匀
灭幼脲	胃毒、触杀	粘虫、玉米螟、棉铃虫、菜青虫、斜纹夜蛾、卷叶蛾、茶毛虫、茶尺蠖、细蛾等	对蚕高毒；幼虫期、卵盛孵期施药效果好
虫酰肼	胃毒	斜纹夜蛾、甜菜夜蛾、卷叶螟、玉米螟等鳞翅目害虫	选择性强、应在幼虫发生初期使用
灭蝇胺	胃毒	斑潜蝇、蚊等双翅目害虫等	需提前使用
沙蚕毒素类杀虫剂			
杀虫单	触杀、胃毒、内吸	二化螟、三化螟、稻纵卷叶螟、粘虫等	对蚕高毒；对棉花、烟草、蔬菜幼苗和某些豆类易产生药害，马铃薯对本品较敏感
杀螟丹	触杀、胃杀	二化螟、三化螟、稻纵卷叶螟、稻瘿蚊、玉米螟、卷叶蛾、尺蠖	对蚕高毒；水稻扬花期及白菜、甘蓝等十字花科蔬菜对本品较敏感，易产生药害
氨基甲酸酯类杀虫剂			
丁硫克百威	内吸、触杀、胃杀	棉蚜、蓟马、锈壁虱、蚜虫、潜叶蛾、叶甲等	在稻田使用时，避免同时使用敌稗和灭草灵，以防产生药害；对蜜蜂高毒

（续）

药剂通用名	作用方式	防治对象	注意事项
氨基甲酸酯类杀虫剂			
硫双威	胃毒	棉铃虫、甜菜夜蛾、斜纹夜蛾、卷叶蛾等鳞翅目害虫等	对刺吸式口器昆虫无效，某些高粱和棉花品种对此药敏感，对蜜蜂高毒
残杀威	触杀、胃毒、内吸	卫生害虫、蚜虫、叶蝉、飞虱、松毛虫等	对蜜蜂高毒，在开花前及花后6周用药
克百威	内吸、触杀、胃毒	螟虫、叶蝉、蓟马、棉蚜、线虫、地下害虫等	高毒农药，严禁兑水喷雾，对鱼高毒
仲丁威	触杀、胃毒、熏蒸	卫生害虫、蚜虫、叶蝉、飞虱、螟虫等	施用过敌稗后的农田，15天内不能施用本品，对鱼高毒
灭多威	内吸、触杀、胃毒	蟓象、甜菜夜蛾、蚜虫、卷叶蛾、蓟马、菜青虫等	高毒农药，对蜜蜂高毒，不能用于蔬菜、果树和茶叶上
抗蚜威	触杀、熏蒸	蚜虫	对棉蚜无效
新烟碱类杀虫剂			
吡虫啉	内吸、胃毒、触杀	蚜虫、飞虱、叶蝉、盲蝽、粉虱、木虱、叶甲等	不能用于防治线虫和螨
烯啶虫胺	内吸、胃毒、触杀	蚜虫、飞虱、叶蝉、盲蝽、粉虱、木虱等	不能用于防治线虫和螨
啶虫脒	内吸、胃毒、触杀	蚜虫、飞虱、叶蝉、盲蝽、粉虱、木虱、叶甲等	不能用于防治线虫和螨
噻虫嗪	内吸、胃毒、触杀	蚜虫、飞虱、叶蝉、盲蝽、粉虱、木虱等	不能用于防治线虫和螨
菊酯类杀虫剂			
溴氰菊酯	触杀、胃毒	蚜虫、食心虫、卷叶蛾、尺蠖、叶蝉等	对蚕、蜂、水生生物等有毒害，不宜用于易产生抗性的害虫
氯菊酯	触杀、胃毒	卫生害虫、菜蚜、潜叶蛾、食心虫、尺蠖、茶毛虫等	对蚕、蜂、水生生物等有毒害，不宜用于易产生抗性的害虫
氰戊菊酯	触杀、胃毒	蚜虫、粘虫、食心虫、菜青虫、豆野螟、黄守瓜等	对蚕、蜂、水生生物等有毒害，不宜用于易产生抗性的害虫
高效氯氰菊酯	触杀、胃毒	蚜虫、菜青虫、斜纹夜蛾、跳甲、蟓象、蒂蛀虫、茶尺蠖、卷叶蛾等	对蚕、蜂、水生生物等有毒害
氟氯氰菊酯	触杀、胃毒	食心虫、蚜虫、烟青虫、茶毛虫、玉米螟、粘虫等	对蚕、蜂、水生生物等有高毒
醚菊酯	触杀、胃毒	飞虱、蚜虫、菜青虫、桃小、尺蠖、食心虫、棉大卷叶螟、粉虱等	对蚕、蜂、水生生物等有高毒，对钻蛀性害虫在未蛀前施用

（续）

药剂通用名	作用方式	防治对象	注意事项
		菊酯类杀虫剂	
高效氯氟氰菊酯	触杀、胃毒	蚜虫、桃小、潜叶蛾、菜青虫、甜菜夜蛾、卷叶蛾、瘿螨、玉米螟等	对蚕、蜂、水生生物等有高毒；有杀螨作用，但不能作为专用杀螨剂
甲氰菊酯	触杀、胃毒	二斑叶螨、朱砂叶螨、玉米螟、菜青虫、白粉虱、蝽象、茶毛虫、尺蠖等	对蚕、蜂、水生生物等有高毒；有杀螨作用，但不能作为专用杀螨剂
氯氰菊酯	触杀、胃毒	棉蚜、蓟马、菜青虫、叶甲、烟青虫、金刚钻、造桥虫、尺蠖、卷叶蛾等	对蚕、蜂、水生生物等有高毒；注意与其他农药交替使用
联苯菊酯	触杀、胃毒	蚜虫、朱砂叶螨、二斑叶螨、菜青虫、棉铃虫、茶毛虫、茶小绿叶蝉等	对蚕、蜂、水生生物等有高毒
		其他类杀螨剂	
双甲脒	触杀、胃毒、内吸、熏蒸	叶螨、锈螨、全爪螨、木虱	对金冠苹果有药害；不宜与碱性农药（如波尔多液等）混用；不要与对硫磷混用于苹果树，20℃以下效果差
噻螨酮	触杀、胃毒	叶螨、全爪螨、锈螨	对成螨无效，杀卵剂
哒螨灵	触杀、胃毒	叶螨、全爪螨、锈螨	花期使用对蜜蜂有不良影响，对鱼毒性高
螺螨酯	触杀、胃毒	叶螨、全爪螨、瘿螨	可杀卵
吡螨胺	触杀	叶螨、全爪螨	对鱼有毒
		有机氯杀螨剂	
三氯杀螨醇	触杀、胃毒	叶螨、全爪螨、瘿螨	不应用于茶叶、食用菌和蔬菜、药材等；对苹果的红玉、旭等品种易产生药害
四螨嗪	触杀	叶螨、全爪螨	杀卵剂，成螨无效，在气温低（15℃左右）和虫口密度小时施用效果好；与尼索朗有交互抗性
		有机锡杀螨剂	
三唑锡	触杀	叶螨、全爪螨、锈螨、瘿螨	低温效果差；对冬卵无效
苯丁锡	触杀、胃毒	叶螨、全爪螨、锈螨、瘿螨	低温效果差，杀卵差
		生物源杀螨剂	
浏阳霉素	触杀	叶螨、全爪螨	对鱼有毒
		有机硫杀螨剂	
炔螨特	触杀、胃毒	叶螨、全爪螨、锈螨、瘿螨	高温、高湿下，对某些作物的幼苗和新梢嫩叶有药害，20℃以上效果较好

（续）

药剂通用名	作用方式	防治对象	注意事项
有机氯杀虫剂			
硫丹	触杀、胃毒、熏蒸	棉铃虫、甜菜夜蛾、斜纹夜蛾、卷叶蛾、蚜虫等	对鱼高毒，应避免污染水源及池塘，严禁用在烟草、蔬菜、果树和中草药上
生物源杀虫杀螨剂			
阿维菌素	胃毒、触杀	小菜蛾、螨类、二化螟、稻纵卷叶螟、蚜虫、粉虱、蓟马、叶蝉等	对鱼高毒，对蜜蜂有毒
甲氨基阿维菌素苯甲酸盐	胃毒、触杀	甜菜夜蛾、斜纹夜蛾、小菜蛾、卷叶蛾、螟虫等鳞翅目害虫、蚜虫、蓟马等	对鱼高毒，对蜜蜂有毒
苯基吡唑类杀虫剂			
氟虫腈	胃毒、触杀	二化螟、稻纵卷叶螟、飞虱、蓟马、盲蝽、小菜蛾、菜青虫、毒蛾叶甲等	对鱼类和蜜蜂毒性较高
乙虫腈	胃毒、触杀	飞虱、蓟马、菜青虫等	对鱼类和蜜蜂毒性较高
其他类杀虫剂			
虫螨腈	胃毒、触杀	甜菜夜蛾、斜纹夜蛾、小菜蛾、卷叶蛾、螟虫等鳞翅目害虫、蚜虫、蓟马等	不要污染水源
茚虫威	触杀、胃毒	甜菜夜蛾、斜纹夜蛾、小菜蛾、卷叶蛾、螟虫等鳞翅目害虫、卫生害虫等	
氯虫苯甲酰胺	触杀、胃毒	二化螟、稻纵卷叶螟、小菜蛾、甜菜夜蛾、金纹细蛾等	
丁烯氟虫腈	触杀、胃毒	二化螟、稻纵卷叶螟、飞虱、蓟马、盲蝽、小菜蛾、菜青虫、毒蛾叶甲等	
吡蚜酮	胃毒	蚜虫、飞虱、叶蝉、蓟马等	吡蚜酮
生物类杀虫剂			
多杀菌素	胃毒、触杀	蓟马、小菜蛾、甜菜夜蛾等	
苏云金杆菌	胃毒	小菜蛾、甜菜夜蛾等	不能与内吸性有机磷杀虫剂或杀菌剂混合使用，如乐果、甲基内吸磷、稻丰散、伏杀硫磷、杀虫畏、波尔多液等；对蚕高毒
有机磷杀线虫剂			
灭线磷	触杀	稻瘿蚊、根结线虫、茎线虫等	有些作物对丙线磷敏感，播种时不能与种子直接接触；对鱼类、鸟类有毒
苯线磷	触杀、内吸	稻瘿蚊、根结线虫、茎线虫等	对人畜有高毒
硫线磷	触杀	地下害虫、根结线虫、茎线虫等	在低温下使用易出现药害；有高毒，使用时注意安全防护
杀螺剂			
杀螺胺	触杀，胃毒	钉螺、福寿螺	对鱼类、蛙、贝类有毒
杀螺胺乙醇胺盐	触杀，胃毒	钉螺、福寿螺	对鱼和浮游动物有毒，不宜施用于鱼塘等水生动物养殖场内
四聚乙醛	胃毒	钉螺、福寿螺、蜗牛、蛞蝓	
除有特别说明，所有药剂均不可与碱性药剂混用			

附录B 常用杀菌剂

药剂通用名	作用方式	防治对象	注意事项
		氨基甲酸酯	
乙霉威	保护、治疗	灰霉病	不能与铜制剂及酸碱性较强的农药混用
霜霉威盐酸盐	内吸、治疗	霜霉病、疫病、猝倒病	
霜霉威	内吸、治疗	霜霉病、疫病、猝倒病	
		苯并咪唑	
丙硫多菌灵	内吸、治疗	稻瘟病、霜霉病、疫病	不能与铜制剂混用，作物发病较重时可适当加大剂量和次数
多菌灵	内吸、保护治疗	稻瘟病、纹枯病、轮纹、赤霉、立枯、根腐、褐斑、炭疽、菌核、疮痂、黑星等	不能与铜制剂混用；对子囊菌和半知菌有效，对卵菌和细菌引起的病害无效
甲基硫菌灵	内吸、保护、治疗	稻瘟病、纹枯病、轮纹、赤霉、叶霉、叶斑、白粉等	不能与铜制剂混用；对子囊菌和半知菌有效，对卵菌和细菌引起的病害无效
		苯酰胺	
萎锈灵	内吸、治疗	锈病、黑粉（穗）病、立枯病、黄萎病、恶苗、立枯	100倍液对麦类可能有轻微药害；通常作种子处理剂使用，药剂处理过的种子不可食用或作饲料
		二羧甲酰亚胺	
异菌脲	保护、治疗	灰霉病、斑点落叶病、冠腐病、菌核病、甲疫病	不宜长期连续使用，应与其他不同类型杀菌剂交替使用
腐霉利	保护、治疗	灰霉、菌核病	不宜长期连续使用，应与其他不同类型杀菌剂交替使用；不宜与有机磷农药混配
乙烯菌核利	保护	灰霉、菌核病	发病初期施用
氟啶胺	保护、治疗	疫病	
		硫代氨基甲酸酯	
代森锰锌	保护	霜霉病、早疫病、斑点落叶病、黑星病、疮痂病、炭疽等	不能与铜及强碱性农药混用；常与内吸性杀菌剂混配，用于延缓抗性的产生；非全络态代森锰锌对荔枝或苹果等幼果施用易产生锈斑
福美双	保护	白粉、霜霉病、白腐病、立枯病、炭疽病、叶斑病等	不能与铜、汞剂及碱性药剂混用或前后紧接使用
代森锌	保护	茎枯病、早疫病、霜霉病、炭疽病等	在病害发生初期使用；不能与铜制剂或碱性药物混用
代森联	保护	霜霉病、晚疫病、斑点落叶病、疮痂病	在病害发生初期使用；不能与铜制剂或碱性药物混用
丙森锌	保护	斑点落叶病、轮纹病、霜霉病、早疫病等	在病害发生初期使用；不能与铜制剂或碱性药物混用

（续）

药剂通用名	作用方式	防治对象	注意事项
		吗啉	
十三吗啉	保护、治疗、内吸	橡胶树红根病、白粉病等	处理剩余农药和废容器时不要污染环境
盐酸吗啉胍	保护、治疗	病毒病、条纹叶枯病	与醋酸铜的合剂（毒克星）混用；不可与碱性农药混用，使用时浓度不低于300倍，否则易产生药害
烯酰吗啉	治疗	霜霉病、疫病	常与触杀型杀菌剂如代森锰锌、铜制剂混用
		脲类	
二氯异氰尿酸钠	预防、治疗，消毒	青绿霉、霜霉、早疫、灰霉病以及细菌等	宜单独使用，尤其适用于食用菌菇房消毒
霜脲氰	保护、治疗	霜霉病、晚疫病	多用在与其他杀菌剂混用来提高防效
氯溴异氰尿酸	预防、治疗，消毒	软腐病、病毒病、白叶枯病等	贮存在干燥阴凉处，结块不影响药效
敌磺钠	内吸、预防、治疗	立枯、枯萎病、猝倒、霜霉病	敌磺钠能与碱性农药和农用抗菌素混合使用
		其他类	
十二烷基硫酸钠	预防、治疗	病毒病、花叶病	不宜与生物农药混用；与三十烷醇、硫酸铜组成混剂
混合脂肪酸	预防、诱导	花叶病毒病	属诱导剂，需提前使用
菌毒清	内吸、治疗	腐烂病、干腐病、轮纹病、流胶病、霜霉、白腐、黑痘病等	不宜与其他药剂混用，因气温低，药液出现结晶沉淀时，应用温水将药液温至30℃左右，将其中结晶全部溶化后再进行稀释使用
溴菌腈	预防、治疗	炭疽病、防霉灭藻剂	随配随用
咯菌腈	预防、触杀	根腐、茎基腐、恶苗、灰霉等	用于拌种，处理后的种子在播种后必须盖土；不能用于水田
过氧乙酸	保护、治疗	灰霉病	用药时间最好在上午10时以前或下午4时以后
		抗生素类	
三氮唑核苷	治疗	病毒病	多与硫酸铜或硫酸锌等混配
链霉素	保护、治疗	软腐病、疮痂病、白叶枯病、细条病等	切勿与碱性农药或污水混用，药剂使用时应现配现用
中生菌素	保护、治疗	软腐病、疮痂病、白叶枯病、轮纹病、角斑病等	切勿与碱性农药或污水混用，药剂使用时应现配现用
宁南霉素	预防、治疗	根腐病、花叶病、白粉病、条纹叶枯病、角斑病等	切勿与碱性农药或污水混用，药剂使用时应现配现用
嘧啶核苷类抗菌素	预防、治疗	枯萎病、黑斑病、疫病、白粉、霜霉病	勿与碱性农药混用

（续）

药剂通用名	作用方式	防治对象	注意事项
抗生素类			
井冈霉素	预防	纹枯病	施药时应保持稻田水深 3～6cm
春雷霉素	预防、治疗	稻瘟病、枯萎病、叶霉病、炭疽病、角斑病等	对大豆、葡萄、柑橘、苹果等有轻微药害，在邻近大豆地使用时应注意；防治稻瘟病时，应在发病初期进行
硫酸链霉素	保护、治疗	软腐病、疮痂病、白叶枯病、细条病等	切勿与碱性农药或污水混用；药剂使用时应现配现用
天然化合物			
腐殖酸	保护、治疗	病毒病、腐烂病、黄萎病、角斑病等	多与硫酸铜或福美胂等混配
无机类			
石硫合剂	保护	白粉病、红蜘蛛、介壳虫、木虱等	不同植物对石硫合剂的敏感性差异很大；对杏、树莓、黄瓜有药害，尤其是叶组织脆弱的植物，最易发生药害；温度越高药害也越大
氢氧化铜	保护	细菌性角斑病、溃疡病、早疫病、霜疫霉病	苹果、葡萄、大豆和藕等作物的嫩叶对本品与春雷霉素的混剂敏感，因此一定要注意浓度；宜在下午 4 时以后喷药；不能与酸和多硫化钙混用
王铜	保护	细菌性角斑病、溃疡病、叶霉病、赤星病	一定要注意浓度，宜在下午 4 时以后喷药；不能与含汞化合物、硫代氨基甲酸酯杀菌剂混用；药剂为碱性
碱式硫酸铜	保护	黑星、轮纹、炭疽病、溃疡病、早疫病	不宜在早晨有露水或刚下过雨后施药；在高温条件下使用时浓度要低，一般使用 600～800 倍液为宜
硫酸铜	保护	病毒病、角斑病、纹枯病、腐烂病等	对农作物叶面易产生药害，使用时应注意喷洒均匀；硫酸铜与铁会起化学反应，所以盛装药剂的容器、配制及使用的工具都不应使用铁器；多与其他成分组成混剂使用；可用作杀藻剂
硫黄	保护、治疗	锈蜘蛛、白粉病、稻瘟病、炭疽病、褐斑病、赤霉病、锈病等	不宜与硫酸铜等金属盐药剂混用；黄瓜、大豆、马铃薯、桃、李、梨、葡萄对本品敏感，使用时应适当降低浓度及使用次数；多与其他药剂做成复配剂进行防治
硫酸锌	保护、治疗	病毒病、角斑病、纹枯病等	多与其他药剂做成复配剂进行防治
水杨酸	保护	炭疽病、纹枯病、赤霉病、黑星病等	多与其他药剂做成复配剂进行防治
氧化亚铜	保护	霜疫霉、稻曲、纹枯、早疫病、溃疡病等	禁止在果树花期和幼果期使用；低温、潮湿气候下慎用
波尔多液	保护	霜霉病、白腐病、炭疽病、早疫病、溃疡病等	在原菌侵入寄主前施用最为适宜；对铜敏感的作物如李、桃、鸭梨、白菜、小麦、苹果、大豆等，在潮湿多雨条件下易产生药害；对石灰敏感的作物如茄科、葫芦科、葡萄、黄瓜、西瓜等，在高温干燥条件下易产生药害

（续）

药剂通用名	作用方式	防治对象	注意事项
		酰苯胺	
甲霜灵	保护、治疗	霜霉病、疫病、猝倒病、立枯病、恶苗、枯萎病等	单独喷雾容易诱发病菌抗药性，除土壤处理能单用外，一般都用复配制剂
拌种灵	内吸、保护	立枯、枯萎病、猝倒等苗期病害	只用于拌种或种衣剂
精甲霜灵	保护、治疗	霜霉病、疫病、根腐病、立枯病、枯萎病等	单独喷雾容易诱发病菌抗药性，除土壤处理能单用外，一般都用复配制剂
		有机磷	
敌瘟磷	保护、治疗	稻瘟病	不能与碱性农药混用；使用除草剂敌稗的前后10天禁用敌瘟磷
三乙膦酸铝	保护、治疗	霜霉、疫病、轮纹、黑胫病等	勿与酸性、碱性农药混用，以免分解失效
异稻瘟净	保护、治疗	稻瘟病	禁止与石硫合剂、波尔多液等碱性农药混用，也不能与五氯酚钠混用；在防治稻瘟病有效的浓度下，有时会出现小褐点或小褐线等轻微药害症状，特别是对籼稻，但一般不影响产量
		有机硫	
二硫氰基甲烷	保护、治疗	恶苗病和干尖线虫病、条纹病、坚黑穗病和网斑病	毒性较高，严防入口，皮肤接触后用肥皂或碱立即清洗干净；勿用碱性水稀释使用或与碱性物质混用
代森铵	保护	霜霉、黑斑、恶苗、纹枯、大斑病等	不宜与石硫合剂、波尔多液、铜制剂等混用；稀释倍数低于1 000倍时，对某些作物易发生药害；气温高时对豆类作物易产生药害
克菌丹	保护、治疗	炭疽病、叶霉病、灰霉病、轮纹病、斑点落叶病、茎枯病、立枯病、黑斑病	对苹果和梨的某些品种有药害，对莴苣、芹菜、番茄种子有影响
乙蒜素	保护、治疗	紫斑病、黑斑病、烂秧、枯萎病、黄萎病、叶斑病、霜霉病、角斑病、褐斑病	经处理过的种子不能食用或作饲料；棉籽不能用于榨油
		有机氯	
百菌清	保护	霜霉病、早疫病、叶斑病、斑点落叶病、白粉病、褐斑病、炭疽病、疮痂病、灰霉病	对鱼有毒，药液不能污染鱼塘和水域；不能与石硫合剂、波尔多液等碱性农药混用，容易发生药害；对梨、柿、桃、梅和苹果树等使用时，浓度偏高会发生药害；与杀螟松混用，对桃树易产生药害；与克螨特、三环锡等混用，对茶树会产生药害
五氯硝基苯	保护	根肿病、枯萎病、白绢病、茎基腐病等苗期病害	大量药剂与作物幼芽接触时易产生药害；拌过药的种子不能用作饲料或食用
福美甲胂	保护	霜霉、炭疽、黑星、黑痘、纹枯、疫病等	不宜与铜、铅药剂混用，对呼吸道黏膜有刺激，施用时应注意安全防护

（续）

药剂通用名	作用方式	防治对象	注意事项
有机铜			
琥胶肥酸铜	保护、治疗	角斑病、溃疡病等	叶面喷洒药剂的稀释倍数不得低于400倍，安全间隔期为5～7天；使用时药液浓度不得过大否则易产生药害
噻菌铜	内吸、治疗和保护	疮痂、溃疡病、细菌性病害	龙克菌应掌握在发病初期使用
络氨铜	保护，渗透	疮痂、溃疡病、细菌性病害、稻曲病、蕨叶病、枯萎病	不宜与其他农药化肥混用
松脂酸铜	保护，治疗	霜霉、溃疡、炭疽病等	不宜与其他农药化肥混用
杂环化合物			
菌核净	保护，渗透	菌核病、赤星病，对纹枯病、麦类赤霉病、白粉病以及工业防腐	避免和碱性强的农药混用
噁霉灵	保护	立枯、枯萎病土传性病害（对土传病害有效）	用于拌种时宜干拌，湿拌和焖种易出现药害；严格控制用药量，以防抑制作物生长
稻瘟灵	内吸、治疗	稻瘟病	不可与强碱性农药混用
恶霜灵	内吸、治疗	霜霉病、黑胫病	不宜单独施用，常与保护性杀菌剂混用
嘧霉胺	预防、保护和治疗	灰霉病	不可与强碱性农药混用
甲氧基丙烯酸酯类			
嘧菌酯	预防、保护和治疗	早疫病、霜霉病、炭疽病、蔓枯病、枯萎病、锈病、褐斑病等	
醚菌酯	预防、保护和治疗	白粉病、早疫病、霜霉病	
吡唑醚菌酯	预防、保护和治疗	白粉、霜霉病、黑星病、叶斑病等	
烯肟菌酯	预防、保护和治疗	霜霉病、白粉病等	
烯肟菌胺	预防、保护和治疗	白粉、锈病等	
三唑类			
三唑酮	内吸、治疗	白粉、锈病、斑点落叶病、纹枯、赤霉等	要按规定用药量使用，否则作物易受药害；对卵菌无效
苯醚甲环唑	内吸、治疗	斑点落叶病、黑星病、稻曲病、纹枯病、叶斑病、早疫病等	对鱼及水生物有毒；对卵菌无效
粉唑醇	保护、治疗	白粉病、锈病、种传病害	多用于种子处理和小麦锈病防治；对其他防治作物使用时应注意药害
氟硅唑	保护、治疗	白粉病、黑星病、轮纹病、叶霉病、叶斑病等	对鱼有毒，防止污染水源；对卵菌无效
氟环唑	保护、治疗	叶斑病、锈病等	对卵菌无效
烯唑醇	保护、治疗	白粉病、黑星病、赤霉病、叶斑病、锈病等	对鱼有毒，防止污染水源；对卵菌无效
三环唑	内吸，保护	稻瘟病	第一次喷药最迟不宜超过破口后3天；对卵菌无效

（续）

药剂通用名	作用方式	防治对象	注意事项
三唑类			
丙环唑	保护、治疗	叶斑病、锈病、白粉病、纹枯病等	对卵菌无效；对香蕉蕉指、薄皮芒果有药害
腈菌唑	保护、治疗	叶斑病、白粉病、炭疽病、黑星病等	施药时注意安全防治；对卵菌无效
咪鲜胺	保护、铲除	恶苗病、青绿霉、蒂腐病、冠腐病、炭疽病、叶斑病等	对鱼有毒，防止污染水源；对卵菌无效；对薄皮芒果有药害
咪鲜胺锰盐	保护、铲除	恶苗病、青绿霉、蒂腐病、冠腐病、炭疽病、叶斑病等	对鱼有毒，防止污染水源；对卵菌无效；对薄皮芒果有药害
戊唑醇	内吸、治疗	叶斑病、丝黑穗病、炭疽病、纹枯病、白腐病、黑星病、灰霉病、黑斑病等	对卵菌无效
除有特别说明，所有药剂均不可与碱性药剂混用			

附录C 植物生长调节剂

药剂通用名	作用方式	防治对象	注意事项
苯基羧酸			
津奥啉	调节生长（化学杀雄）	小麦	使用前若发现结晶，可加热溶解使用；稀释液不宜保存，应现配现用
二硝基			
邻硝基苯酚钠（复硝酚钠）	调节生长	小麦、黄瓜、番茄、大豆等	全生育期均可使用，对植物发根、生长、生殖及结果等发育阶段均有程度不同的促进作用；对促进花粉管的伸长、帮助受精结实的作用尤为明显；可用于促进植物生长发育、提早开花、打破休眠、促进发芽、防止落花落果、改良植物产品的品质等方面，该产品可以用叶面喷洒、浸种、苗床灌注及花蕾撒布等方式进行处理
激素类			
赤霉酸	调节生长、促生长	梨树、菠萝、水稻、茶树、黄瓜、芹菜等	赤霉素纯品水溶性低，85%结晶粉剂使用前需先用少量酒精（或高度烈酒）溶解，该药可促进细胞生长、茎伸长、叶片扩大、单性结实和果实生长；可打破种子休眠，改变雌、雄花比率，影响开花时间，减少花、果的脱落
萘乙酸	调节生长	小麦、黄瓜、番茄、水稻、苹果、棉花、梨等	溶于冷水，配制时可先用少量酒精溶解，是类生长素物质，可促进细胞分裂与扩大，诱导形成不定根，增加座果，防止落果，改变雌、雄花比率等；早熟苹果品种使用后易产生药害

（续）

药剂通用名	作用方式	防治对象	注意事项
		激素类	
烯腺嘌呤	调节生长	大豆、黄瓜、番茄、水稻、棉花、茶叶、辣椒、烟草	刺激植物细胞分裂，促进叶绿素形成；加速植物的新陈代谢和蛋白质合成，促使其早熟丰产；提高植物的抗病、抗衰和抗寒能力
芸苔素内酯	调节生长、增产	大白菜、小白菜、黄瓜、番茄、水稻、棉花、柑橘、草莓、玉米等	应按兑水量的 0.01% 加入表面活性剂；具有使植物细胞分裂和延长的双重作用，促进根系发达，增强光合作用，提高作物叶绿素含量，促进作物对肥料的有效吸收
丙酰芸苔素内酯	调节生长、增产	茶树、黄瓜、葡萄、水稻	同芸苔素内酯
羟烯腺嘌呤	调节生长、增产	大豆、黄瓜、番茄、水稻、棉花、茶叶、辣椒、烟草等调节生长、提高产量	刺激植物细胞分裂，促进叶绿素形成；加速植物的新陈代谢和蛋白质合成，促使其早熟丰产；提高植物的抗病、抗衰和抗寒能力
吲熟酯	调节生长	柑橘	最佳施药期为水果膨大期，勿与其他农药混用；本品会在植物体内释放出乙烯，生成离层而使幼果脱落，增进了根系的生理活性；还能提高植物的矿物质和水的代谢功能，提高果实质量
		季铵盐	
矮壮素	调节生长，抑制赤霉素的生物合成	棉花、番茄、玉米、小麦等	在水肥条件好、群体有徒长趋势时使用效果较好；地理条件差、长势不旺的地块不能使用；其生理功能是控制植株生长，使植株抗倒伏、光合作用增强、提高抗逆性，从而改善品质，提高产量
甲哌鎓	抑制细胞伸长，抑制赤霉素的生物合成	棉花、大豆、花生、玉米、小麦等	在水肥条件好、棉花徒长的地块使用时增产效果明显；可延缓营养体生长，使植株矮小化、株型紧凑，能增加叶绿素含量，提高叶片同化能力
氯化胆碱	原理是活化植物光合作用的关键酶	小麦、花生、甘薯、水稻、玉米、大蒜、姜等	提高光合速率，增加植物碳水化合物、蛋白质和叶绿素含量
		甲基环丙烯	
1- 甲基环丙烯	调节生长	鲜花保鲜、水果保鲜	密封熏蒸
噻苯隆	内吸（脱叶）	棉花	施药时机不宜早于棉桃开裂大于 60% 的范围，以免影响产量和质量
氯吡脲	调节生长、增加坐果	黄瓜、葡萄、西瓜、猕猴桃等	浓度过高可造成果实空心、畸形；具有细胞分裂素活性，用于瓜果类植物，具有良好的促进花芽分化、保花、保果和使果实膨大的作用

（续）

药剂通用名	作用方式	防治对象	注意事项
		其他	
胺鲜酯	调节生长	白菜、玉米、番茄等	不宜与碱性农药、化肥混用；提高植株内叶绿素、蛋白质、核酸的含量；提高植株的抗旱、抗寒性
苄氨基嘌呤	调节生长（与920复配调节果型）	苹果、柑橘	遇碱易分解，可促进植物细胞生长；与GA4/A7一起使用，可改善果形
苯哒嗪钾	调节生长（杀雄）	小麦	
噻节因	调节生长(脱叶剂)	棉花	加乙烯利可抑制棉花再生长，促进成熟和棉铃开裂；喷雾要均匀，加速植株自然衰老过程，而不是诱导衰老
		天然化合物	
超敏蛋白	调节生长	番茄、辣椒	天然蛋白质，对烟草具有调节生长作用及增强植株的抗病效果
三十烷醇	调节生长	番茄、辣椒、花生、烟草、海带、水稻、小麦、紫菜等	喷洒时间在下午3时以后，喷前气温在20℃以上为宜；可促使种子发芽，提高发芽率；可增强光合强度，提高叶绿素含量；还有促进农作物长根、生叶、花芽分化、增加分蘖、促进早熟、保花保果、提高结实率、促进农作物吸水、减少蒸发和增加作物抗旱能力的作用
核苷酸	调节生长、增产	黄瓜	制剂喷施时间宜在晴天的上午10时以前或下午4时以后；水解时可使核酸降解为核苷酸，起到调节植物的作用
		硝基苯类	
氟节胺	调节生长，内吸（控制徒长枝）	烟草（抑制腋芽生长）	对2.5cm以上的侧芽效果不好，施药时应事先打去；对鱼有毒
		有机磷	
乙烯利	调节生长（催熟）	番茄、棉花、荔枝、香蕉、玉米、水稻、橡胶等	促进果实成熟及叶片、果实的脱落，矮化植株，改变雌雄花的比率，诱导某些作物雄性不育等；高浓度杀梢
		杂环化合物	
抑芽丹	内吸（抑制细胞分裂）	烟草（抑制腋芽生长）	对2.5cm以上的侧芽效果不好，施药时应事先打去
吲哚丁酸	调节生长、促生根	水稻、玉米、花生、沙棘等	内源生长素，能促进细胞分裂与细胞生长，诱导形成不定根，增加坐果，防止落果，改变雌、雄花比率等

（续）

药剂通用名	作用方式	防治对象	注意事项
唑类			
多效唑	调节生长、抑制生长	水稻、小麦、荔枝、龙眼、油菜、大豆、花生	多效唑在土壤中残留的时间较长，田块收获后必须翻耕，以防对后茬作物有抑制作用；明显减弱稻苗顶端生长优势，促进侧芽（分蘖）滋生；施用后秧苗外观表现为矮壮多蘖、叶色浓绿、根系发达
烯效唑	调节生长、抑制赤霉素的生物合成	水稻、荔枝（杀冬梢）、龙眼、草坪	不同植物或同一植物不同品种的用量有所不同；有抑制节间细胞伸长、延缓植物生长的作用；药效较多效唑高，残留时间短
苯氧羧酸			
2,4- 滴钠盐	调节生长、除草	荔枝、番茄（调节生长）/ 小麦（防治阔叶草）	低剂量使用时调节植物生长，高剂量可除草；能促进番茄坐果、防止落化，加速幼果发育；留作种子用的农田禁用本品

参 考 文 献

[1] 宋志伟，武贵州．农作物植保员培训教程 [M]．北京：中国农业科学技术出版社，2011．

[2] 屠预钦．农药科学使用指南 [M]．北京：金盾出版社，2009．

[3] 于坤林，陈文贵．无人机结构与系统 [M]．西安：西北工业大学出版社，2016．

[4] 刘让贤，晏初红．航空概论 [M]．北京：航空工业出版社，2013．

[5] 孙毅．无人机驾驶员航空知识手册 [M]．北京：中国民航出版社，2014．

[6] 匡江红，王秉良，吕鸿雁．飞机飞行力学 [M]．北京：清华大学出版社，2012．